浙江省临港现代服务业与创意文化研究中心、浙江港口经济创新团队、宁波市海洋经济发展研究基地、浙江万里学院海洋服务业专著出版基金资助成果

Synergetic Development of Marine Economy and
Marine S&T in China:
Theoretical and Empirical Study

中国海洋科技与海洋经济的协同发展：
理论与实证

谢子远 ◎著

ZHEJIANG UNIVERSTY PRESS
浙江大学出版社

前　　言

　　地球表面 70％由海洋构成,海洋蕴藏着极其丰富的各类资源。现有研究表明,海水中溶有 80 多种元素,生存着 17 万种动物、2.5 万余种植物,仅水产品便足以养活 300 亿人口。人类在漫长的文明演化过程中始终伴随着对海洋资源的开发和利用,向海则兴,背海则衰,早已成为不争的事实。孙中山先生曾指出:"自世界大势变迁,国家之盛衰强弱,长在海而不在陆,其海上权利优胜者,其国力常占优胜。"联合国把 1998 年定为"国际海洋年",一方面反映了国际组织对海洋的重视,另一方面也是为了敦促各国政府更加关注海洋、热爱海洋,增强海洋意识。随着《联合国海洋法公约》的生效,许多国家都在调整或重新制定海洋发展的战略和政策,以适应新的国际海洋法律制度的需要,并把开发海洋资源、发展海洋经济置于重要的战略地位。

　　我国已经明确提出要实施海洋强国战略,并确立了建设海洋强国的基本指导思想和战略目标:"依法加强海洋管理,强化海洋科技创新,有效维护海洋权益,合理开发利用海洋资源,持续快速发展海洋经济,切实保护海洋生态环境,努力把中国建设成为海洋科技先进、海洋经济发达、海洋生态环境健康、海洋综合国力强大的海洋强国。"2011 年以来,山东、浙江、广东等省(市)的海洋经济发展上升为国家战略,海洋经济发展在我国上升至前所未有的重要地位。如何实现海洋经济的科学发展、可持续发展,成为我国海洋经济发展中的一个重要课题。

　　与陆地资源相比,海洋资源的开发利用尚处于起步阶段,这与海洋环境复杂难测有很大的关系。因此,海洋资源的开发利用遵从由近海到远海、由浅海到深海不断深入的基本规律。目前很多近海、浅海资源已经得到充分开发甚至过度开发,向海洋的更深处、更远处迈进已经成为无可避免的选择,而这无疑需要发达的海洋科技作为坚强后盾。因此,我国海洋经济发展状况如何,能否在未来的全球海洋经济竞争中取得优势,将取决于我国海洋科技的发展水平。本书围绕"科技促进海洋经济发展"这一主题研究我国海洋科技的发展现状、与海洋经济的关联度、对海洋经济的影响,以及海洋科技效率影响因素等问题,并提出促进海洋经济发展的海洋科技发展路径,希望能为我国海洋经济及海洋科技发展提供理论支持。

目　　录

第一章 绪 论

第一节 科技创新在海洋经济发展中的作用

一、技术进步已成为促进经济增长的主要引擎

科学技术是第一生产力。放眼全球,科技与经济一体化发展的趋势越来越明显,科技已经成为推动经济增长的主要引擎。

20 世纪 30 年代末,熊彼特在研究经济增长理论过程中首先提出了技术创新理论,他把创新视为一种新的生产函数,即在经济活动中引入新的思想方法,以实现生产要素的新组合。这种"新组合"包括引进新的产品、采用新的技术、开辟新的市场、控制新的原料供应来源,从而提高社会潜在产出能力。在这一理论中,熊彼特强调"新的生产函数"与生产要素的紧密结合。后来,世界经济合作与发展组织更强调,技术创新是将产品和工艺引入市场或应用于生产,进一步明确提出技术创新要转化为现实的生产力,为经济发展提供源动力。孙超(2004)构建了一个经济增长模型,将人力资本和技术进步同时内生化,通过求解平衡增长路径,分析出人力资本的增长和技术进步是经济长期增长的源泉,对于经济增长具有重大贡献,其贡献比例取决于现有技术水平的外部性程度。陈伟

(2002)归纳了技术进步促进经济增长的四种途径:一是不同的技术决定了各种要素在经济活动中的结合方式。一般地说,技术进步能使其他要素得到节约,而降低劳动时间和劳动强度是技术进步的最终目的。由于要素禀赋的差别,技术进步对各种要素投入结构的变化也是不同的。二是技术进步不断改变劳动手段和劳动对象。大机器代替人工劳动,自动化机器代替人工操作机器,这都是技术进步的结果,而且能大大提高产出的水平。技术进步对劳动对象的影响主要体现在:或者通过改变材料的物理或化学属性导致新材料的出现,或者为人类寻找新的矿产资源提供手段。三是技术进步能促进劳动力质量的提高。人类社会的一切技术进步都是劳动力质量不断改善和提高的结果,反过来,技术进步促进劳动力质量的改善和提高。四是技术进步促进了产业结构的变化。技术进步是引起产业结构变动的根本原因,在技术进步的作用下,产业结构的演变和发展趋势为:生产要素不断地由第一产业向第二产业转移,再由第二产业向第三产业转移。从要素的密集程度来看,由资源密集型、劳动密集型产业向资本密集型产业转移,由资本密集型产业再向技术密集型产业转移。

根据有关统计资料,科学技术因素在推动经济增长中所占的比例不断上升,对经济增长的贡献越来越大。20世纪初,发达国家的区域经济增长中由于技术创新带来的技术进步贡献率只占5%左右,到30年代提高到15%左右,40—50年代上升到40%左右,70—80年代达到60%左右,90年代以来某些发达国家已经高达80%以上,其中有的产业甚至高达90%(王瑾,2003)。其中美国1929—1941年为33.8%,1941—1948年为50.8%,1948—1953年为53.8%,1953—1964年为44.6%,1964—1969年71.9%。世界各主要资本主义国家进入50—70年代,技术进步对经济增长的贡献一般都已超过劳动力投入和资本投入的总和,达50%以上。如英国1948—1969年经济增长中各因素所起作用的比例是:资本占19.8%,劳动力占32.5%,技术进步占47.7%。日本1953—1971年的经济增长中各因素所起的作用的比例是:资本占23.8%,劳动力占21%,技术进步占55.2%。法国1950—1962年经济增长中各因素所起作用的比例是:资本占16.8%,劳动力占27.5%,技术进步占55.7%。美国1950—1962年经济增长中各因素所起的作用的比例是:资本占

22.5%,劳动力占 25.2%,技术进步占 53.4%。进入 80 年代以来,技术进步的贡献进一步提高,上升到 60%～80%。同发达国家相比,我国技术进步对经济增长的贡献虽然有较大的差距,但技术进步在推动经济增长中所占的比例也是不断上升的。我国 1952—1982 年,在经济增长中,技术进步所占比重年平均为 27.3%,从 80 年代中期到 90 年代初,技术进步对经济增长的贡献大约为 30%左右(张国富,1997)。

二、科技创新在海洋经济发展中的作用

目前世界海洋资源开发正在向纵深发展,开发水域由近海向深海和大洋扩展,新的海洋资源开发领域也在不断涌现,这一切都增加了海洋经济发展对海洋科技的依赖性,要求海洋科技要超前发展。大力发展海洋科技具有如下意义。

(一)提高海洋资源利用的深度和广度

在海洋经济发展中,人们对海洋资源的利用总是从近海走向远海,从浅海走向深海,从简单走向复杂。在古代,人类只能在沿海捕鱼、制盐和航行,主要是向海洋索取食物。到现代,人类不仅在近海捕鱼,还发展了远洋渔业;不仅捕捞鱼类,而且还发展了各种海产养殖业;不仅在沿岸制盐,还发展了海洋采矿事业,如在海上开采石油。此外,还开发了海水中各种可用的能源,如利用潮汐发电等。20 世纪中叶以来,海洋事业发展极为迅速,现在已有近百个国家在海上进行石油和天然气的钻探和开采;每年通过海洋运输的石油超过 20 亿吨;每年从海洋捕获的鱼、贝类海产品近 1 亿吨。随着海洋经济的不断发展,海洋资源的开发利用对海洋科技的依赖程度越来越高。没有科学技术的支撑,对海洋资源的开发利用就难以不断取得新的突破。

蔡一鸣(2009)认为从资源控制的角度划分,现代海洋可以分为广度空间和深度空间两部分,并且都具有"无限"的特征。海洋的广度指海洋微观空间到整个海洋空间"横向"的广度空间,是"平面的"、"一条线"上的延伸;在海洋空间的广度上,能够被不断挖掘的可再生、可循环能源等资源可称为海洋深度空间。由于这些可再生能源等资源是取之不尽、用之不竭的,因此,其深度开发也是"无限"的。随着社会的进步和科技的

发展,可再生能源及资源的控制可归入到资源控制的范围内,这在近代社会是没有的。积极开发海洋广度空间尤其是深度空间不论对于中国还是世界均具有重要意义。对于中国来说,通过大力发展海洋科技深度开发海洋能等海洋资源,不仅可以创造新的经济增长点,保持中国经济的持续稳定增长,而且可以改变传统的以消耗有限能源等资源为主、污染生态环境的经济发展方式。对于世界来说,随着全球人口的不断增多及陆地资源的逐渐枯竭,深度开发利用海洋资源对于维持全人类的生存和发展,维护地球生态环境也是必不可少的。

(二)提升海洋产品的深加工水平及附加值率

初级产品、技术含量低的产品由于可替代性强,其附加值也低,容易陷入价格竞争。只有不断提高技术水平,对海洋资源进行深度加工,实现海洋产品在高技术水平上的差异化,才能提高产品的附加值和市场竞争力。例如,山东荣成市大力发展海洋食品深加工技术,大大提高了海洋食品的附加值。在很长一段时间里,由于产业层次不高、品牌意识不强、产品附加值较低等原因,荣成海洋食品产业遇到了发展瓶颈。为改变这种状况,荣成市近年将"海洋生物食品"作为主导产业重点培植,引导各类涉渔企业推进"产、学、研"一体化建设,通过自主创新、精深加工提高水产品附加值,原本"1斤2元"的海带却"4克产品卖出3元钱"。

再以海洋鱼油加工为例。海洋鱼油中多不饱和脂肪酸(PUFA)营养价值和生理功能的研究已有较长的历史,鱼油中含有丰富的X-3型多不饱和脂肪酸(ω-3PUFA),以EPA和DHA为主,是人体内不能合成的必需脂肪酸,具有独特的生理活性和保健功能。EPA和DHA具有降低胆固醇及血脂,抑制血小板凝聚,延缓血栓形成,预防动脉硬化及老年痴呆症等作用。DHA还具有维护视力,促进脑细胞生长发育,改善大脑机能等功能,被称为脑黄金。天然海洋鱼油是鱼粉加工的副产物,主要成分为脂肪酸甘油酯、磷脂、类脂、脂溶性维生素以及蛋白质降解物等。粗鱼油经脱酸、脱色、脱臭等工艺精制处理后可作为化工、饲料、保健品原料,还可经过进一步深加工而应用于高档保健品、医药和食品中。海洋鱼油是EPA、DHA的天然来源,但同时鱼油中的某些饱和以及不饱和脂肪酸及其他杂质在人体内长期积累是有害的,在生产加工过程中应尽量分离除去。因此,鱼油中有效成分经分离纯化等深加工工艺处理后能够极大地提升其利用价值,同时可合理利用天然 PUFA 资源。正因如此,国内外海洋鱼油深加工技术和工艺不断发展(马永钧,2011)。

(三)保护海洋资源实现海洋经济可持续发展

联合国《21 世纪议程》强调以科技手段促进沿海地区和海洋的可持续发展,提出科学和技术界能对环境与发展的决策进程做出更公开和有效的贡献;科学促进可持续发展,加强促进可持续管理的科学基础,增进科学的了解,改进长期的科学评价,增强科学能量和能力。随着人类利用海洋资源活动的不断扩展和深入,海洋资源出现过度开发和利用,海洋经济能否可持续发展成为一个现实问题。比如对渔业资源的过度捕捞就可能造成渔业资源的枯竭。根据世界渔业中心的数据,暹罗湾在 1965 年的鱼类数量是 1995 年的 10 倍,马来西亚海域的鱼类数量在此期间减少了 80%～90%,菲律宾海域则减少了 46%～78%。我国近海的过度捕捞正形成一个恶性循环:生态系统中价值高、个体大的种类被过度捕捞后,人们的捕捞目标必然转向其他一些价值较低的物种,而当这些价值较低的物种生物量枯竭后,捕捞目标随之又转向价值更低的种类,这使生态系统中的所有物种都被过度利用,造成渔业资源的系列性枯竭和物种品种的退化。由于过度捕捞等原因,我国珠海的"万山渔场"正在消失。珠海万山海洋开发试验区海域具有丰富的渔业资源,其中有经济价值的鱼类有 200 多种,贝类 50 多种,藻类 20 多种,是广东省重点渔场和幼鱼幼虾保护区,又是中华白海豚的重要栖息地。珠海市海洋渔业部门提供的资料显示,20 世纪 60—70 年代的"万山渔场"在渔业人口、渔船吨位和机器马力平均产量三项指标上,均创造了全国海洋渔业的高产纪录,单条渔船日捕鱼 1600 担、一张渔网日捕鱼 3200 担的全国最高纪录均产生于万山群岛。近年来,随着珠江流域沿岸城市化、工业化进程的日益加快,受工业源污染和生活污水大量排放以及渔民过度捕捞的影响,珠江口万山海域的鱼类产卵场、索饵场和洄游通道均受到了不同程度的破坏,许多鱼类、贝类品种已濒临灭绝。

通过发展渔业增养殖技术,既可以满足人们对水产品日益增长的消费需求,又可以减少对野生渔业资源的依赖,从而减少捕捞数量,保护渔业资源,实现海洋渔业的可持续发展。我国 2007—2009 年的海水水产品产量分别为 25508880 吨、27844671 吨、28805399 吨,其中海水养殖产量分别为 13073400 吨、14436054 吨、15364627 吨,分别占水产品产量的51.25%、51.84%、53.34%。[①] 可见,我国海水养殖产量已占全部海水水产品产量的一半以上,而且呈现明显的上升势头。

(四)催生海洋新兴产业

海洋生物医药业、海水淡化和海水综合利用业、海洋可再生能源产业、海洋装备业、深海产业等战略性高新技术产业,无不是海洋科技进步的结果。

《国家"十二五"海洋科学和技术发展规划纲要》特别强调了海水综合开发和利用相关技术的发展,明确提出要开发高效智能化的大型反渗透、低温多效海水淡化成套技术和装备,发展适用于海岛的多能源耦合海水淡化装置,并在重点海岛建立示范工程;研发膜蒸馏、正渗透、膜膜耦合等海水淡化新技术和装备,加快海水淡化的自主化和规模化;开展产业技术经济和政策性示范,实施海水淡化科技产业化工程,鼓励并支持沿海城市、海岛组织实施大规模的海水淡化产业化示范工程,促进海洋高技术产业园建设。2008 年,山东省首家海水利用技术工程中心在中国海洋大学成立,主要从事海水淡化及水处理、海水化学资源利用和海洋精细化学品等领域的开发及产业化研究。

在海洋可再生能源利用方面,潮汐能发电技术、潮流能发电技术、波浪能发电技术、海洋温差能技术、海洋风能发电技术等发挥了不可替代的作用。澳大利亚联邦科学与工业研究组织(CSIRO)一份新研究指出,到 2025 年,澳大利亚海洋能可满足其 10% 的电力需求。

世界造船技术不断发展,造船业的发展和进步离不开技术创新。我国已经具备三大主流船型自主开发能力。已能建造包括大型液化天然气(LNG)船、大型客滚船及铁路渡船、大型挖泥船、万箱级集装箱船、万吨级海洋调查船、数千吨级小水线面双体科考船、高速水翼艇及自控水翼艇、高速穿浪船和实用型小型地效翼船等在内的各种高技术船舶。大

---

① 资料来源:《中国海洋统计年鉴 2010》。

部分具备自主知识产权,已形成了基本现代化的、较为配套的船舶总体研究、试验、设计及制造技术体系。深远海工程装备制造实现了重大突破,建造了 30 万吨级海上浮式生产储油船、具有自主知识产权的第五代 3000m 深水半潜式钻井平台、3000m 深水勘探船、起重能力大于 2×8000 吨大型起重铺管船、多用途工作船、天然气水合物勘探船、3500m 深水缆控无人深潜器(ROV)、5000m 深海拖曳测绘系统(TMS)、远距离智能无人潜器(AUV)、7000m 深海载人潜水器(HOV)等(翁震平,2012)。

"十一五"期间,我国通过科技创新支持海洋产业发展,催生了一批海洋新兴产业。例如,海参养殖产业在五年的时间内,取得了突破性进展,一跃成为海水养殖领域发展最快的新兴产业,2010 年,海参业产值达 300 亿元。而且不断向沿海荒滩盐碱地拓展,山东的潍坊、东营、滨州沿海滩涂都出现了规模较大的海参养殖场。海洋风电产业五年时间内几乎从零开始,装机总量一举超过美国,成为世界第一。海水淡化产业从膜技术到低温多效技术都有突破性进展,使我国海水淡化产业飞速发展,从日产几百吨,到 3000 吨,然后跃升到 2.5 万吨级,直到最近在建的几个 10 万吨级海水淡化工程。现代造船业、海洋建筑工程产业、卤水化工产业、海藻化工产业、海洋防灾减灾工程依靠技术创新都取得了突破性进展,充分显示了海洋科技的引领支撑作用。

(五)保护海洋生态环境

随着海洋经济的发展,海洋环境污染与海洋生态恶化问题也随之出现,如果不能有效遏制和扭转这种态势,海洋生态恶化问题就会越发严重,最终不仅不能实现海洋经济的可持续发展,还会对人类的健康和生存形成威胁。治理和改善海洋生态环境也需要大力发展海洋科学技术。海洋观测技术的发展对于提高海洋资源的开发能力、促进海洋经济的发展、提高海洋环境监测能力等都起着重要的作用。目前,海洋观测技术的发展所取得的主要成就包括:浮标和潜标技术、岸基台站观测技术、船基海洋观测技术、海洋遥感技术、海床基观测技术、水下自航式海洋观测平台技术等(蔡树群,2007)。再如,现代生物技术在海洋环境污染监测、工业废水处理、消除海洋环境污染等方面均发挥重要作用。

（六）维护国家安全

海洋勘探技术、卫星导航系统、核动力航母和潜艇、光纤维传导系统等一方面为人类进军海洋开辟了光明的前景，另一方面也给国家安全特别是海上安全和权益带来严重威胁。海洋科技的发展加速了国防现代化，同时也增加了对国防安全的威胁。例如在海底铺设的光纤能够提供永久性海洋物理和化学监测变数，这种情报汇集对于开发利用海洋资源具有极为重要的价值，但某些国家则利用这种技术收集情报，对其他国家的安全构成威胁（周忠海，2010）。相关国家也只有通过不断发展海洋科技才能有效应对来自其他国家和地区的上述挑战。

第二节　科技支撑海洋经济发展的全球实践

当今世界，全球科技进入新一轮的密集创新时代，以高新技术为基础的海洋战略性新兴产业将成为全球经济复苏和社会经济发展的战略重点。海洋开发进入立体开发阶段，在深入开发利用传统海洋资源的同时，不断向深远海探索开发战略新资源和能源，大力拓展海洋经济发展空间。气候变化等全球性问题更加突出，世界海洋大国将依靠科技创新和国际合作应对气候变化，走绿色发展的道路。与此同时，海洋科技向大科学、高技术体系方向发展，进入了大联合、大协作、大区域研究阶段；海洋调查步入常态化和全球化，海洋观测进入立体观测时代，并向实时化、系统化、信息化、数字化方向发展，为社会经济发展服务的业务化海洋学逐步形成，海洋科技向现实生产力转化的速度加快，不断催生海洋新兴产业。在这种形势下，世界发达国家都把发展海洋科技尤其是高新技术作为开发海洋资源、发展海洋经济的关键。

一、美国

美国拥有 1400 万平方公里的海域面积，海洋资源丰富，同时美国也是一个海洋经济强国。当前，海洋产业对美国经济的贡献是农业的 2.5 倍，美国海外贸易总量的 95％和价值的 37％通过海洋交通运输完成，而外大陆架海洋油气生产还贡献了全美30%的原油和23%的天然气产量。美国经济中,80%的GDP受到了海岸地区的驱动,40%以上是受到了海岸线的驱动,而只有8%是来自于陆地领域的驱动。海岸经济和海洋经济对于美国来说非常重要,分别占到就业率的75%和GDP的51%(宋炳林,2012)。

　　美国历来重视海洋。早在1961年,美国总统艾森豪威尔在国会上发表了"海洋与宇宙同等重要","为了生存"美国必须把"海洋作为开拓地"的宣言,把海洋作为国家发展的战略目标。1966年,美国政府通过一项法令,规定总统是海洋的最高决策者和领导人,并成立了一个以副总统为主席、有关政府部门的部长为成员的"美国海洋资源和工程发展委员会",负责对全国海洋事业进行领导。1970年,美国总统尼克松发表了"关于海洋政策的声明",提出了水深200米以至大陆边缘的外缘地带应为国际依托地带。同年,成立了"国家海洋大气局",加强了对海洋工作的领导。1972年制定了《海岸带管理法》,1974年制定了《深水港法》,1976年制定了《渔业养护与管理法》,1978年制定了《国家海洋污染规划法》和《外大陆架土地法修正案》。1980年美国总统卡特宣布1980年为美国的"海岸年"。同年,制定了《深海底硬矿物资源法》《海洋热能转换法》《海洋渔业养护法》和《海岸带管理改良法》。1983年美国总统里根发表了美国200海里专属经济区宣言,并宣布1984年为美国的"海洋年"。1986年美国率先制定了《全球海洋科学规划》,提出海洋是地球上"最后的开辟疆域",谁最早、最好地开发利用海洋,谁就能获得最大的利益。1995年成立了"海洋研究与教育财团",并决定从儿童教育抓起,在此后四年左右的时间里,全力执行"海洋行星意识计划",举办"海洋行星展览",将宣传活动从华盛顿特区逐渐扩大到11个城市。在1998年6月全国海洋工作会议上,美国总统克林顿和副总统戈尔提出了一系列开发、保全、恢复美国重要海洋资源的建议,其中包括建立可持续渔业、海上石油钻探的海洋环境保护、保护珊瑚礁、开发美国最后的疆域、保护海滩及沿海水域、监测气候和全球变暖趋势等[①]。2000年,美国成立了由总统任命的海洋政策委员会,海洋政策委员会从2001年开始正式全面审议美国海洋政策和法规。2004年,美国公布了《21世纪海洋蓝图》的研究成果,

---

　　① 艾万铸、李桂香:《海洋科学与技术》,海洋出版社2000年版。

同年底,美国政府颁布了《美国海洋行动计划》,该计划的重点在于"强化海洋领导和协调、深化对海洋的认识、增强对海洋的利用和保全、管理海岸带及领域、支持海上交通运输、国际海洋科学和政策领先"等六大领域。2007 年美国政府公布了该实施战略[①]。

美国拥有众多世界著名的海洋科研机构,如伍兹霍尔海洋研究所、斯克里普斯海洋研究所、拉蒙特—多哈蒂地质研究所及国家海洋大气局所属的水下研究中心等,各研究机构人才济济、设备先进、资金充足。美国十分重视海洋科技发展战略规划,自 20 世纪 60 年代起,就把发展海洋科技作为称霸世界海洋的一种重要手段,制定了美国在世界海洋领域领导地位的 21 世纪海洋议程。2003 年和 2004 年,皮尤委员会和美国海洋政策委员会(USCOP)先后公布了两个国家海洋政策报告,分别题为《规划美国海洋事业的航程》《21 世纪海洋蓝图》。为改变美国软弱无力的海洋管理体制和科技支撑体系,加强从联邦政府到沿海各州、地方各级政府、产业和利益集团之间的统筹协调,为海洋经济发展创造一个清洁、安全和可持续的良好海洋环境,海洋政策报告向美国政府提出 200 多项建议。美国政府立即对海洋政策报告作出响应,2004 年 12 月公布《美国海洋行动计划》。为督促美国政府贯彻落实以上报告的建议,2005 年 9 月以上两个委员会合并成立"联合海洋委员会"。2006 年 6 月,美国联合海洋委员会向美国参议院递交名为《海洋至熠熠生辉的海洋——海洋政策变革重中之重》的报告,从美国参议院角度阐述和分析了加强海洋研究的必要性和重要意义。国家研究理事会(NRC)受海洋科技联合小组委员会(JSOST)委托,制定《海洋研究优选计划和实施战略》。美国海洋学研究和教育协会(CORE)向 JSOST 建议,美国今后的海洋研究应将如下八大领域列为重点:海洋变异与气候变化相互影响、海洋健康与人类健康相互关系、海洋资源勘探和可持续利用、防灾减灾、海洋生态系统研究、海洋教育、海洋综合观测系统(IOOS)建设和长期维护等。为了支持海洋研究产生更多的创新成果,《21 世纪海洋蓝图》政策报告还明确建议:美国政府应将美国海洋研究经费从目前占联邦科研经费的不足3.5%,提高到 7%,海洋基础研究经费投入至少提高一倍,达到每年 15

---

① 青岛蓝色经济网,http://www.qdlsjj.com/news/view.php? id=259。

亿美元。以后视国家经济实力,逐年增加。美国海洋界认为,美国政府应以负责任的姿态进行海洋开发利用,以资金重点投入为杠杆,引导海洋科技研究优选解决美国当前面临的海洋危机或海洋威胁[①]。美国科学基金会海洋分会 2001 年发表的《新千年海洋科学》(Ocean Sciences at the New Millennium)将以下 7 项主题列为未来十年海洋研究的重点:海洋在全球气候中的作用、长期海洋观测和预报、海洋湍流、非平衡态生态系统动力学、复杂的近海、海床底下的海洋:流体流量及其对地质学、化学和地壳生物的影响、大洋岩石圈和大洋边缘动力学。

2007 年,根据《美国海洋行动计划》的要求,在广泛调研和征求意见的基础上,美国发布了《规划美国今后十年海洋科学事业:海洋研究优选计划和实施战略》,对美国今后十年的海洋科学事业进行了规划。《规划》根据广泛的社会需求,筛选归纳为 6 个社会主题,20 项科研重点(见表 1-1),阐述各领域的社会需求和科技发展目标。《规划》还确定了 4 项近期科研重点,包括预报沿岸生态系统对持久作用力和极端事件的响应;海洋生态系统有机体的对比分析;海洋生态系统传感器;评价经向翻转环流的变异:气候快速变化的影响。

表 1-1 美国《海洋科学事业规划》确定的海洋研究优选领域和科研重点

社会主题	科研重点
1. 海洋自然和文化资源的委托管理	1. 通过更准确、更及时的天气图式评价,了解资源丰度和分布的现状和发展趋势; 2. 认识物种间和生境与物种的关系,支持资源稳定性和可持续性预报; 3. 认识可能影响资源稳定性和可持续性的人类利用形式; 4. 应用高级知识和先进技术,提高开阔海、海岸和五大湖各种自然资源的效益。
2. 增强受灾地区的自然恢复力	5. 认识灾害事件的发生和演变,并应用这些知识改进对未来灾害事件的预报; 6. 认识沿海和海洋系统对自然灾害的响应能力,并应用这些认识评价未来自然灾害的脆弱性; 7. 将现有认识应用于多种灾害风险评估,支持减灾模型开发及其政策和策略的制定。

① 美国海洋科技关注社会现实问题:《规划美国今后十年海洋科学事业》解读之二. http://library.coi.gov.cn/qbyj/hyzc/200712/P020071203553602446751.pdf.

续表

社会主题	科研重点
3. 促进海洋作业的开展	8. 认识海洋作业和环境之间的相互作用； 9. 应用对影响海洋作业的环境因子的知识，表述海域条件特征，并进行预报； 10. 应用对环境影响和海洋作业的认识，加强海洋运输系统。
4. 海洋在气候中的作用	11. 认识海洋与气候在区域内及其上空的相互作用； 12. 认识气候变异和变化对海洋生物地球化学和生态系统的影响； 13. 应用对海洋的认识，预测未来气候变化及其影响。
5. 改善生态系统的健康	14. 认识和预报自然过程和人类活动过程对生态系统的影响； 15. 应用对自然过程和人类活动过程的认识，开展社会经济评价，开发人类多样化利用对生态系统影响的评估模型； 16. 应用对海洋生态系统的认识，制定生态系统可持续利用和有效管理的适当指标和度量标准。
6. 提高人类健康水平	17. 认识与海洋相关的对人类健康构成危害的根源和过程； 18. 认识与海洋相关的人类健康风险和海洋资源对于人类健康的潜在效益； 19. 认识海洋资源的人类利用和价值评估如何受与海洋有关的人类健康威胁的影响以及人类活动如何影响这些威胁； 20. 应用对海洋生态系统和生物多样性的知识，开发提高人类福利的产品和生物学模型。

资料来源：石莉：《美国海洋科技发展趋势及对我们的启示》，《海洋开发与管理》2008 年第 4 期，第 9—11 页。

二、日本

日本是一个岛国，由于国土四面环海、资源匮乏，对海洋历来倍加重视。日本把每年 7 月份的第 3 个星期一定为"海洋日"，把每年的 7 月 20—31 日定为"海洋旬"，在每年的 11 月召开全国范围的"创建富饶海洋大会"，通过开展丰富多样的宣传活动、纪念活动来提高全民族的海洋意识。

1994 年《联合国海洋法公约》生效后，在日本经济团体联合会等大企业团体和民间团体的有力推动下，2007 年 4 月日本国会通过《海洋基本法》和《海洋建筑物安全水域设定法》，正式启动海洋战略。《海洋基本法》阐明了日本"海洋立国"的方针，提出海洋开发和利用是日本社会存续的基础，日本的海洋计划应包括开发利用海洋、维护海洋生态环境、确保海洋安全、提高海洋科研能力、发展海洋产业、实现海洋综合管理以及参与海洋领域内的国际协调等方面。《海洋基本法》宣布："实现和平、积极开发利用海洋与保全海洋环境之间的和谐——新海洋立国"，建立国家战略指挥中枢"综合海洋政策本部"。以《基本法》为基础，日本正在不断建立和完善海洋法律体系。2009年12月1日，日本海洋本部公布了《管理海洋保全和管理离岛的基本方针草案》，草案指出，根据《联合国海洋法公约》，"我国已经拥有了国土面积约12倍的世界屈指可数的管辖区域"，当务之急是保全"决定日本专属经济区及大陆架外缘的偏远海岛"；2010年2月9日，日本国会通过了《促进保全及利用专属经济水域及大陆架保全低潮线及建设据点实施等法律》，以保全低潮线的海底及其下方；2012年2月28日，野田内阁通过《海上保安厅法》《领海等外国船舶航行法》的修改法案，提交国会审议。与此同时，日本政府实施推进规模庞大的"海洋事业"——海洋战略项目。在内阁兼海洋本部的一元化领导下，日中央各主要部门分别统辖各级地方自治政府，发动"独立行政法人"和财团法人、国立大学及研究机构、公共团体、相关行业协会及民间团体，举国推进海洋战略。自民党政府从2008年开始制定"海洋预算"，投入巨额财政资源，实施规模庞大的海洋项目。2008—2009年实施的"保卫海洋"项目包括确保海上安全与治安、"保全离岛"、保全海洋环境、推进大陆架延伸划界等内容。2011—2012年，包括内阁官房在内，共有10个中央部门承包了400多项海洋项目，分包单位多达数十个。

近年日本海洋经济正在从以往依靠扩大海洋资源开发转为依靠技术进步，以技术创新改造传统海洋产业，实现可持续发展[①]。日本拥有世界上最先进和庞大的舰队，海洋运输业、海洋造船业和海洋渔业均很发达。从1968年开始，日本先后推出了《深海钻探计划》《大洋钻探计划》《海洋高技术产业发展规划》《天然气水合物研究计划》《海洋研究开发长期规划》《综合大洋钻探计划》等。这些规划都以推进海洋高科技发展为目的，确保日本在海洋科技方面的领先地位。

日本通过不断提高海洋科学研究投入来促进海洋科技进步。1977年5月，日本科学技术会议向政府提交了一份《科学技术政策基本思想及

---

① 杨书臣：《近年日本海洋经济发展浅析》，《日本学刊》2006年第2期，第75—84页。

其实施》的报告,标志着日本开始从"贸易立国"转向"科技立国"。在海洋科学技术方面日本对海洋技术的重视优于对海洋科学的重视,拥有世界著名的海洋研究机构(日本海洋科学技术中心、东京大学海洋研究所),其深潜技术、大型先进船舶制造技术水平在世界上是一流的。在新兴的海洋空间利用技术(海上城市、海上机场、海底隧道和海上贮藏基地利用技术)方面也位居世界领先水平。1981—2002 年日本海洋开发研究费从 393 亿日元增至 964 亿日元,增长 1.45 倍。其中,1981—1990 年海洋开发研究费年均增长率为 3.2%,1991—2000 年年均增长率达到 7.8%。

近年日本海洋科技开发涉及诸多方面,主要包括海洋环境探测技术、海洋再生能源实验研究、海洋生物资源开发工程技术、海水资源利用技术、海洋矿产资源勘探开发技术等。大力发展海洋观测技术,是日本开展海洋科学研究的重要内容。近年日本海洋科技中心正在推进海洋观测技术的研发,总务省对黑潮等进行长期连续观测,还在石垣岛、与那国岛设置了远程海洋雷达站。文部科学省、国土交通省为快速监测和把握海洋状况,从 2000 年构筑起了先进的海洋监测系统(ARGO 计划),2003 年文部科学省还采用海洋地球研究船"未来号"进行南半球海洋观测。日本的海洋卫星已成为海岸观测系统和全球海洋观测系统(GOOS)的重要组成部分,日本的 ADEOS 卫星实现了世界第一次对海面水温、海面风及海洋水色的同时观测。2005 年,日本东京大学海洋研究所的国际海洋调查队提出一个新的构想,即在海豹和鲸等海洋生物身上安装编入温度计和照相机等小型传感器,实施全球大规模海洋环境调查。目前,该大学已在美国加利福尼亚沿岸繁殖的海象、在东太平洋生活的白须鲸、在日本近海出现的抹香鲸身上安装传感器,收集数据。今后,还将增加在日本周边海域洄游的海龟和鳗鱼,在印度洋和大西洋生活的鲸身上安装此类传感器,然后再逐步扩展到全球各个海域。

日本政府执行的海洋科技计划中,深海研究计划、海洋走廊计划和天然气水合物研究计划都有一定的国际影响力。日本利用海洋深层水在食品生产中取得了一系列新成果,例如矿泉水的制造、高级食用盐的生产、清酒、酱油和啤酒的酿造、海水冰的制造等。为了研发天然气水合物,日本制定了两个五年计划,不惜投入大量财力物力予以支持。而

1994 年日本政府提出的海洋走廊计划则预计在大阪建设长为 120km 的海底走廊交通线,其目的是为了解决人口、住房、交通和环境等问题①。

利用海洋科技对传统海洋产业进行改造和升级。2003 年,日本海洋科技领域主要研发课题多达 47 项,其中农林水产省主持的海洋科技开发国家级课题有 12 项,如资源培养技术开发、渔场高度利用技术开发、渔具渔法技术开发、海洋环保对策、海洋空间利用调查、海洋资源利用技术开发、水产资源调查与开发、海洋深水渔场技术开发等。日本积极开发海洋能源,大力开展相关科学研究。日本海上保安厅从 20 世纪 50 年代初就着手对自然能源进行研究开发,2002 年还引进了使用潮流发电的浮灯标。为了保证更加稳定的电力供应,海上保安厅正在研究太阳能发电与浪力发电的联合使用。为了解决海洋温差发电中的低效率问题,日本佐贺大学海洋能源研究中心经过长期摸索,终于在 1994 年成功发明出一种高效热交换机,大大提高了海洋温差发电的效率。2003 年 5 月 8 日,作为应对地球温室效应的对策之一,日本国土交通省提出一项利用海风发电的计划。2010 年,日本经济产业省宣布,将组织企业、政府和学校三方建立集"产官学"于一体的研发机构,于 2012 年建成海洋能发电站示范工程,力争于 2016 年后实现海洋能电站产业化。

三、欧盟

法国海洋资源丰富,法国政府历来重视海洋和海洋科学技术。早在 1960 年,法国总统戴高乐就发出了"法兰西向海洋进军"的号召。20 世纪 80 年代以来,在总统密特朗和政府的大力支持下,法国建立了强有力的海洋综合管理机构——海洋部(后改为海洋国务秘书处),统一管理和协调全国的海洋工作,也促进了海洋科学和技术的发展。法国在深潜技术、海洋卫星探测技术、海洋油气勘探开发技术等方面在世界上处于领先地位,法国海洋开发研究院在世界上也较著名。海洋开发研究院是法国海洋管理和科研机构,成立于 1984 年,其职能主要是从事海洋研究与

---

① 徐嘉蕾、李悦铮:《日本海洋经济经营管理模式、特点及启示》,《海洋开发与管理》2010 年第 9 期,第 67—69 页。

开发,下设环境与海洋整治部、生物资源部、海洋研究部、海洋技术与信息系统部、海洋研究部和水下潜水器部等。法国海洋开发研究院凭借自身资源和技术优势,为政府部门和有关海洋机构提供支持,开展业务化海洋学能力建设,在业务化海洋学计划(科里奥利计划)、大洋环流、深海业务化系统、业务型近海海洋学等方面取得了很大进展。2012 年,据法国《论坛报》报道,法国政府拟进一步加大海洋资源开发力度,积极借鉴国外相关经验,将海洋资源列入法国优先发展的 18 个绿色行业之一①,推动海洋风电、海底石油、海洋地热和潮汐资源更好地服务法国经济增长。据法国能源署估测,目前法国海洋可再生资源市场估值达 150 亿欧元,可创造 16 万个就业岗位;海洋资源电力储备能力高达 7.5 亿千瓦,而目前法国政府利用海洋资源发电装机仅 51.9 万千瓦,海洋资源领域所吸引的投资只占低碳领域总投资的 2%。法国海洋能资源得天独厚,拥有漫长的海岸线、1100 万平方公里的海洋区域。但与德国、西班牙、意大利等国相比,法国在风电尤其是海上风电领域的发展相对滞后。据欧洲风能协会(EWEA)的统计数据,截至 2010 年 6 月,欧洲已有 948 台海上风力发电机,而法国却一台也没有。近五年来,法国已投入近 8000 万欧元发展海洋可再生能源,其中包括启动第一期海上风力发电项目;成立法国海洋能研究所——"法国低碳能源研究所"(IEED),以加强科技创新,推进海洋能开发利用。法国发展可再生能源的目标是:到 2020 年可再生能源占能源总量的 23%以上。法国能源部估计,届时海洋可再生能源比例大约占能源总量的 3.5%。为实现可再生能源发展目标,法国还将启动第二期海上风电项目,使 2020 年海上风电装机总量达到 600 万千瓦,连同一期风电项目,法国沿海将建设 1200 台风力发电站②。

　　按照预算和人数,法国海洋研究几乎占世界海洋研究的 10%(刘明,2005),其研究力量是由若干研究机构构成的,包括法国海洋开发研究院、大学和国家科学研究中心——国家宇宙科学研究所海洋学实验室(CNRS-Lnsu)、法国海军水文学及海洋学服务局(Shom)、法国合作开发

---

① 商务部网站,http://www.mofcom.gov.cn/aarticle/i/jyjl/m/201201/20120107939949.html。

② 中国电力企业联合会网站,http://www.cec.org.cn/guojidianli/2012-04-09/82747.html。

研究所(IRD)和法国极地技术研究所(IFRTP),这些研究机构是法国海洋研究的核心。此外,还包括地球观测卫星,它是法国空间海洋学研究的组成部分。法国海洋开发研究院作为法国国家海洋研究机构,在海洋学研究众多领域都处于领先水平,自成立以来在海洋生态、渔业、水产养殖、潜水技术等研究方面取得了很大成就。该院获得法国政府授权,负责海洋技术开发和应用性海洋科学的研究及执行等方面的工作,是唯一一家具备全方位海洋研发职能的机构,拥有 1700 多名员工,每年预算高达 1.6 亿欧元。作为法国国家级海洋研究机构,法国国家海洋研究院的总目标为:推动海洋学基础研究、应用研究和技术研发,评估海洋环境,促进海洋相关活动的发展。具体任务则体现为:制订和协调海洋开发计划;审议和决定其下属机构的海洋研究与开发计划;研制用于海洋开发与研究的仪器和设备;参加海洋开发的国际合作计划;促进法国海洋科学应用技术和工业产品的出口等。此外,研究院还负责向法国国家研究与发展计划提供可行性建议。法国海洋研究院的主要工作领域包括以下七个方面:一是就社会公众关注、关心的海洋问题进行研究,比如气候变化对海洋的影响、海洋生物多样性、海洋污染、深海勘探等。在对海洋最深处的勘探活动方面,法国二十年来一直扮演先驱者的角色;二是加强对海岸带、海域的监控,提高海岸带环境水平;三是研发、管理大型海洋研究设施、设备,比如船只、电子系统、信息中心等;四是对水产养殖业的发展进行监测、监控,努力促进水产品质量最优化。法国的海岸海洋学研究非常突出,尤其是在软体动物研究方面已取得许多成果;五是保护及合理开发渔业资源,做到可持续性利用;六是考察、开发海洋生物种群,对其多样性进行研究、保护及合理开发;七是加强有关海洋生态环境发展的趋势及前瞻方面的信息交流,并做到及时更新相关领域的知识和理论等①。

海洋对英国有着十分重要的意义。据英国 2008 年资料,英国海洋产业年产值占其 GDP 的 6.8%,海运、海洋油气开发、海洋可再生能源开发等主要海洋产业创造 100 多万个就业岗位;95% 的国际贸易通过海洋运输;渔业捕捞船 7000 多艘,总吨位居欧盟第二;海洋水产养殖业产值占欧

---

① 张艳:《法国:大力促进海洋科技研发》,《中国海洋报》2009 年 7 月 7 日,第 003 版。

盟海洋水产养殖产值的 17%；海洋装备制造业发达，60%以上产品出口海外(李景光，2010)。英国为了加强政府对全国海洋科技活动的宏观管理，于 1986 年成立了"海洋科学技术协调委员会"，负责制订英国海洋科技发展规划，协调各部门的海洋科技活动。1995 年成立了南安普敦海洋学中心，以适应国内和国际海洋科学技术发展的需要。2000 年，英国自然环境研究委员会(NERC)和海洋科学技术委员会(USTB)提出了今后5~10 年海洋科技发展战略，包括海洋资源可持续利用和海洋环境预报两方面的科技计划。21 世纪初，英国成立了"海洋管理局"，该机构定期对英国领海以及周围的海域进行评估，英国政府的海洋政策也逐渐从海洋开发转移到海洋环保。2009 年，《英国海洋管理、保护与使用法》得到英国王室批准，这一法律对英国的海洋综合管理、海洋规划、海洋使用许可证审批与管理、海洋自然保护、近海渔业与海洋渔业管理以及海岸休闲娱乐管理等方面进行了系统规划，为英国建立新的海洋工作体系和进一步发展海洋事业奠定了坚实的法律基础。2010 年 3 月初，英国正式发布《英国海洋科学战略》报告，将未来 15 年英国海洋科学研究重点确定为海洋生态系统运行、应对气候变化及其与海洋环境之间的互动关系、增加海洋的生态效益并推动其可持续发展。发布这项战略旨在使英国在今后拥有世界领先的海洋科研知识。英国拥有丰富的海洋能源资源。2010 年 3 月 15 日，英国政府发布《海洋能源行动计划》，提出在政策、资金、技术等多方面支持新兴的海洋能源发展，以帮助减少二氧化碳排放和应对气候变化，并提供一批就业岗位。该计划的目的是帮助英国海洋能源产业设立面向 2030 年的远景目标，推动潮汐能、波浪能等海洋能源发展，其具体举措包括设立一个全国性的战略协调小组，为海洋能源发展制订详细的路线图；引导私有资金进入海洋能源领域；推动海洋能源技术研发；建立海洋能源产业链等。英国于 2007 年启动了名为"海洋2025"(Ocean 2025)的重大海洋研究计划，英国自然环境研究委员会(NERC)将在未来五年里向该项计划提供大约一亿两千万英镑的科研经费。"海洋 2025"把以下十大研究领域作为重点支持对象：(1)气候、海水流动、海平面；(2)海洋生物化学循环；(3)大陆架及海岸演化；(4)生物多样性、生态系统；(5)大陆边缘及深海研究；(6)可持续的海洋资源利用；(7)健康与人类活动的影响；(8)技术开发；(9)下一代海洋预测；(10)海洋环境中的综合持久观察。2025 海洋研究计划将增进对这些变化的尺度、性质和影响的科学理解,促进解决一些最基本的海洋科学问题,从而寻求对发展用于未来海洋资源管理的持续解决方法。

《欧洲综合海洋科学计划》(《Integrating Marine Science in Europe》,2002 年)将水产养殖新技术、环境和经济影响评价方法、优良品种培育技术和海洋渔业生态研究等列为可持续渔业和水产养殖业的重大科研课题,其他重大科研建议还涉及海洋气候相互作用和反馈、海洋地质灾害、近海有毒化学物质监测、业务化海洋学、海洋环境和灾害预报等。

四、韩国

韩国陆地资源有限,国土狭小,海洋面积约为陆地面积的 5 倍,因此韩国对海洋工作较为重视。1987 年 12 月 4 日国会制定了《海洋开发基本法》。该法确定设立国务总理领导下的海洋开发委员会,委员长由总理担任,委员由总理从有关中央行政机关首脑和对海洋开发有学识、有丰富经验的人员中任命或提名。委员会负责海洋开发方针政策和计划的审议,以此来加强对海洋的管理。1988 年,政府的科学技术部制定了"海洋开发实施令",同时设立了韩国海洋研究所和海洋技术都市推进组织,加强了海洋科学和技术工作。1996 年 5 月 31 日,韩国总统金泳三宣布,每年的该日为韩国的"海洋日",并在这天组建"海洋与水产部",以加强对海洋的管理。1998 年 12 月 1 日,韩国通过了《韩国沿岸管理法》,其目的也是为了加强对其海域的开发利用、保护和管理。1999 年 7 月,韩国海洋水产部确立了 21 世纪海洋发展战略的方向、推进体制、推进日程等基本方针。2002 年 5 月,韩国将《21 世纪的海洋水产发展基本框架》(简称《海洋韩国 21 世纪》)确定为国家海洋发展战略,提出"提高韩国领海水域的活力、发展以知识为基础的海洋产业、保持海洋资源的可持续开发"三大基本目标,旨在将韩国打造成 21 世纪世界一流的海洋强国。为实现世界一流海洋强国的战略目标,韩国制定了近期和长期主要目标。近期目标为:(1)建成统一的海运集装箱系统,建立先进的港口管理体系,使韩国港口成为东北亚中心港;(2)实行新的造船政策,使韩国造船工业达到世界最高水平;(3)实现海洋资源开发、海洋生态环境保护、海岸带管理、海洋科学研究和高新技术开发的一体化;(4)建设与其经济实力相当的"蓝色海军",保卫韩国船舶的出海安全。长期目标为:(1)通过海洋开发创出尖端海洋产业;(2)丰富国民生活,创造海洋文化空间;(3)将在世界海洋市场的占有率从 2% 扩大到 4%;(4)成为世界第五位海运强国;(5)成为海洋水产大国;(6)成为拥有最先进实用技术的海洋国家[①]。

韩国政府于 2000 年制定了一个名为"海洋开发基本计划"的指导性文件。为了开发新能源,作为该计划的一部分,决定开展深海资源研究、生物多样性保护研究、沿海地区灾害防范研究和利用海洋生物开发新物质等一系列科学考察和研究。2003 年 10 月起,韩国政府开展了促进制定"海洋科学技术开发计划"的活动,主旨是扩大政府的投资,促进系统性的海洋科学技术开发等,并制定了以下几项战略措施:首先,为建设成为东北亚物流中心构筑一个坚实的物质基础。海洋水产部制定了一系列的促进计划,包括超大型集装箱专用港口货物装卸设备开发、最尖端的港口物流运营信息系统开发、超大型浮游式救助设备开发等。第二,开发确保国家成长动力所必需的资源和能源。海洋水产部通过开发太平洋深海资源和海洋有用资源(锂、铀等)回收技术,构筑了矿产资源的稳定供给基础。韩国海洋水产部通过开发尖端的养殖技术和海洋牧场化运动,构筑起了可持续发展的水产资源管理体系。第三,开发海洋灾难、灾害预防及海洋环境管理技术。海洋水产部以海洋安全技术开发为重点开展了对海上交通、救助设备等的安全性进行评价,海洋事故(生命、船只、环境损害)防止和受灾程度最小化的技术开发等[②]。

韩国海洋 21 世纪战略计划指出,韩国将具有世界水平的技术应用于海洋科学和产业,除生物技术外,韩国通过传感器、机器人和电子技术等领域的技术进步,促进海洋科学贸易,争取在国际市场上占有最大最好的份额(吴闻,2002)。为此,韩国计划:做好"海洋世纪"高新技术创新;除提高自动化程度外,减轻设备重量,缩小体积,研制具有世界水平的海洋观测设备;重组海洋科研机构,提高海洋科学技术开发能力,并加强有

---

① 束必铨:《韩国海洋战略实施及其对我国海洋权益的影响》,《太平洋学报》2012 年第 6 期,第 89—98 页。

② 金春善:《韩国海洋科学技术开发的现状和未来发展战略》,《当代韩国》2004 年秋季号:56—57 页。

关实验室、设备和研究船等科研基础设施建设；开拓海洋科学领域培训渠道，与其他国家谈判技术转让项目。发展以高科技为基础的海洋产业，旨在将海运、港口、造船、水产等传统海洋产业提升为以高科技为基础的海洋产业，谋求到 2010 年实现第五大海洋强国的目标。采取措施将 1998 年相当于发达国家 43% 左右的海洋科学水平在 2010 年提高到 80%，在 2030 年达到 100% 的水平，与发达国家同步。引导和培育海洋和水产风险企业、海洋观光、海洋和水产信息等高附加值的高科技产业。为在 2010 年前培育出 500 家海洋和水产风险企业建立必要的支撑、保障体系(刘洪滨,2007)。韩国政府认为,海洋生物工程技术与信息技术和纳米技术一样,将成为最有前途的新的经济增长领域,特别是作为新材料的发展与已经被发掘的陆地基本物种为原料的产业发展的有限性相比更为明显。因此,他们高度重视发展具有高附加值的海洋生物工业。韩国人预计到 2010 年全球市场对海洋生物工业产品的需求将达到 160.3 亿美元。为了培育海洋生物工业,韩国海洋与水产部支持各种研究和发展活动,诸如从海藻中提炼元素制成抗衰老药物,以及发展从其他海洋生物中提取物质制造有用的新材料,并使之商业化。2006 年,韩国海洋水产部推出"海洋 21 世纪生物工程",使海洋生物工程技术有系统地发展,扩大韩国在国际海洋生物工业市场上的份额①。

　　韩国的海洋科学技术水平仅是发达国家的 40%～50%,为了应对发达国家的技术封锁,韩国于 2000 年启动了国家海洋教育研究基金项目(Korea Sea Grant Program),以达到支持大学和海洋专家们的优秀思想及研究课题、提高整个海洋科学技术水平、培养海洋和水产专门人才的目的(刘洪滨,2009)。该计划的目标是,通过教育训练培养专门人才,实施对海洋和沿岸资源的研究与调查,实现对海洋资源的可持续开发、利用、保护,提高海洋科学技术力量,突破性地提高大学的研究、创新能力。该项目选定并支持了釜庆大学、群山大学和济州大学等 12 所大学,平均每年支持 30 个研究课题、100 余人次教授和研究生。该项目到 2015 年将投入 3837 亿韩元,其中绝大部分将用于建设海上产业基地、海洋生物遗传技术开发、海洋生态公园技术开发和海底水资源开发等。为把韩国

---

① 翟勇:《韩国海洋发展战略的启示(三)》,《中国海洋报》2006 年 6 月 9 日,第 004 版。

釜山打造成东北亚海洋科技城,2012年韩国把与海洋和水产研究有关的四个国家海洋研究单位搬迁至釜山,以此为契机,韩国釜山计划把自身建设成为东北亚海洋科学技术中心。

五、澳大利亚

澳大利亚地理环境独特,具有广阔的海洋资源,澳大利亚对海洋资源与环境也非常重视。澳大利亚从行政上与功能上对海洋资源实施了综合管理,加强涉海部门之间的合作与协调,防止部门利益造成的海洋资源分散、分割。澳大利亚政府在1997年、1998年分别公布了《澳大利亚海洋产业发展战略》《澳大利亚海洋政策》和《澳大利亚海洋科技计划》三个政府文件,提出了澳大利亚21世纪的海洋战略及发展海洋经济的一系列战略和政策措施。澳大利亚非常重视国内海洋立法,在海洋领域已建立了比较健全的法律制度,约有600多部国内法律与海洋有关。这些法律包括海洋生物多样性保护、渔业水产、近岸石油和矿产、海洋环境污染、海洋旅游、海洋建设工程和其他工业、海洋运输、药业、生物技术和遗传资源、能源利用、土著人和托雷斯群岛居民的责任和利益、自然和文化遗传等方面。健全的法律体系为澳大利亚海洋经济发展提供了良好的法律环境,为澳大利亚海洋经济发展起到了保驾护航的作用。为了形成全民了解海洋、保护海洋、发展海洋的社会环境,澳大利亚在各级各类学校、社区广泛展开海洋教育。其中大学的海洋教育重在培养海洋人才,为海洋经济发展提供人才支撑;而在中小学及社区的海洋教育则重在强化中小学生及居民了解海洋、保护海洋的意识。澳大利亚全国海洋政策的主题为"健康海洋:为了现在和未来所有人的利益,了解并合理利用海洋"。为此,澳大利亚政府出台了综合性的、以保护生态系统为基础的政策框架,各州政府采取了诸如制定各地区海洋计划、对各地区海洋环境状况进行摸底、加强对商业活动和休闲活动环境影响的评估等措施。

1999年,澳大利亚出台了"澳大利亚海洋科技计划(The Australia's Marine Science and Technology Plan)",提出了海洋科技发展的主要目标,包括:更好地开展科技创新活动,合理开发、管理海洋资源,确保海洋生态可持续发展;了解和预测气候变化趋势;指导可持续海洋产业的发展;更好地了解海洋环境、生物、矿产及能源资源;为澳大利亚科技界、工程界提供一个重点突出、行动协调的(短期和长期)工作框架,促进科技合作,提高合作成效。为顺应海洋科技发展形势的需要,2009 年 3 月澳政府出台了"海洋研究与创新战略框架(A Marine Nation:National Framework for Marine Research and Innovation)",旨在建立更统一协调的国家海洋研究与开发网络,将参与海洋研究、开发及创新活动的所有部门协调起来,包括政府部门、研究机构及海洋企业等,充分挖掘海洋资源,为社会和经济发展服务。

由以上分析可以发现,发达国家和地区一方面高度重视充分开发利用海洋资源,发展海洋经济,另一方面高度重视支持海洋科学技术的发展,提高科学技术对海洋经济发展的支撑力和海洋经济发展的科技贡献率。可以说,目前的海洋经济发展已经超越了简单依赖于海洋资源的阶段,进入了依靠海洋科技对海洋资源进行深加工、提升海洋开发活动的附加值的阶段。未来海洋经济的竞争,实质上就是海洋科学技术水平的竞争,发展海洋科学技术已经成为海洋经济发展中关乎全局的战略性举措。总体来看,全球海洋科技发展呈现出如下几个明显的趋势:一是既重视应用研究,又重视基础研究。海洋科学技术研究既着眼于解决实际问题,满足国家的经济、社会发展和国家权益的实际需求,又着眼于战略和长远的眼光进行探索性、前瞻性研究,从而保持海洋科技创新的领先地位。二是注重跨学科的交叉性研究。通过海洋自然科学与其他自然科学的结合、自然科学与社会科学的结合,从多个视角认识海洋,认识海洋与陆地、海洋与大气、海洋与人类的复杂相互关系。三是注重海洋科学研究的国际合作。美国是国际海洋科技合作的积极倡导者和主要组织者,世界上几乎所有的国际大型海洋科学研究合作计划都有美国的参与或组织,如国际地圈生物圈计划(IGBP)、世界大洋环流实验(WOCE)、热带海洋和全球大气实验(TOGA)、全球海洋通量联合研究(JGOFS)、国际大洋钻探计划(ODP)、全球海洋观测计划(GOOS)、全球海洋生态系统动力学研究(GLOBEC)、洋中脊跨学科全球实验计划(RIDGE)、世界气候研究计划(WCRP)、全球对流层化学研究(GTCP)等。四是鼓励海洋科技研发的多方投入。美国 1996—2000 年间投入海洋科技研究与开发的经费达 110 亿美元,2001—2005 年增至 390 亿美元(倪国江,2009)。美国海洋科技经费来源广泛,除以国家投入为主外,还有部门、企业和社会捐赠的投入。由于海洋在国防中的重要地位,美国国防部和海洋每年也投入大量经费支持海洋科学研究。

第三节　我国相关研究现状综述

早在 1981 年,国家海洋局和中国社会科学院经济研究所联合召开的海洋经济座谈会上即明确提出了"开展海洋经济问题研究"的号召。此后,海洋经济研究成果开始涌现,根据"中国期刊网"收录的期刊论文的统计结果,20 世纪 80 年代共有论文 25 篇,20 世纪 90 年代共有论文 238 篇,2000—2005 年共有论文 377 篇,2006—2010 年共有论文 558 篇,2011 年至 2012 年 8 月共有论文 491 篇。可见,海洋经济研究越来越成为学界关注热点。从总体来看,我国的海洋经济研究可以分成两个层面:一是国家层面的海洋经济研究,二是区域层面的海洋经济研究。

一、国家层面的海洋经济研究

从国家整体进行的海洋经济研究内容非常宽泛,概括而言主要包括如下几个方面:

一是海洋经济发展战略与路径问题研究。王淼(2003)对 21 世纪我国的海洋经济发展战略进行了分析,从依法治海、可持续发展、人才开发、科技兴海、产业结构优化、机制创新、开放式发展、立体式发展、海陆式开发等方面探讨了 21 世纪我国海洋经济的发展战略及其实施策略。由于我国海洋经济发展相对落后,很多学者对发达国家的海洋经济进行了研究,并提出了其对于我国海洋经济发展的借鉴意义。有些学者单独借鉴了某一发达国家的海洋经济发展经验。如荣艳红(2008)、宋炳林(2012)对美国的海洋经济发展经验进行了借鉴,徐嘉蕾(2010)、赵伟(2010)、杨书臣(2006)对日本的海洋经济发展经验进行了借鉴,赵清华(2008)、谢子远(2011)对澳大利亚发展海洋经济的经验进行了借鉴。有些学者则对多个发达国家和地区的经验进行了总结与借鉴。如储永萍(2009)借鉴发达国家经验分析了我国海洋经济的发展战略,从全球海洋经济开发的总体趋势出发,分析了日本、挪威、英国、澳大利亚、美国、加拿大六个发达国家海洋经济发展战略,总结了六国海洋经济发展对我国发展海洋经济的启示。王敏旋(2012)、姜旭朝(2009)、苏纪兰(1998)也进行了这方面的相关研究。

二是海洋经济可持续发展问题研究。王长征(2003)认为近年来,我国海洋经济发展较快,特别是海洋运输、旅游、海上油气开采等新兴产业发展迅速,但同时也存在第一产业比重过高、资源开发不合理、海洋生态环境恶化、海洋灾害频繁、领土争议等困扰可持续发展的一系列问题,基于上述分析,作者提出了提升我国海洋经济可持续发展能力的对策措施。高强(2004)从观念创新、海陆经济一体化、科技兴海、国际合作、依法治海、综合管理等方面,提出了促进我国海洋经济可持续发展的一系列对策。马志荣(2008)分析了我国海洋经济可持续发展的影响因素,吴明理(2009)对海洋经济可持续发展的金融支持问题进行了研究。吴凯(2006)从产业结构优化的角度研究我国海洋经济的可持续发展问题,认为虽然我国海洋经济呈上升趋势,但由于传统产业占比偏高,新兴产业占比偏低,海洋开发的综合指标仍较低,传统产业转型、新兴产业强化,将是我国海洋经济可持续发展的关键。刘明(2008)构建海洋经济可持续发展能力的评价指标体系,建立评价海洋经济可持续发展能力的模型,并对我国沿海区域海洋经济可持续发展能力进行定量分析和评价。

三是海洋经济发展的区域差异问题研究。殷克东、战德坤(2001)对我国六大主要海洋产业发展的现状、规律、趋势和结构进行了比较分析。韩增林等(2003)采用基尼系数、变异系数、加权变异系数等指标,分析了20世纪90年代我国海洋经济发展的地区差距以及海洋产业空间集聚的变动趋势。张耀光、魏东岚等(2005)研究了我国海洋经济的省际空间差异问题,对各省(市、区)海洋产业以及海洋三次产业结构等的空间集聚与扩散程度进行了分析。伍业锋(2006)建立了中国沿海地区海洋科技竞争力的评价理论与评价体系,对沿海11个地区的科技竞争力进行了分析与评价。于谨凯、李宝星(2007)基于Rabah Amir模型、SCP范式,建立了由海洋市场结构以及规模经济决定的海洋产业市场绩效模型。刘洋、丰爱平等(2008)对山东半岛7个沿海城市1996—2005年的海洋产业竞争力做了聚类分析。韩增林、许旭(2008)以沿海11个省、自治区、直辖市为研究的基本空间单元,对区域海洋经济差异的构成进行了来源分解。有些学者专门研究了沿海地区海洋科技发展的差异问题。殷克东、方胜民(2008)构建了 14 个二级指标、56 个三级指标的海洋产业国际竞争力的评价体系。白福臣(2009)运用灰色系统理论建立了多层灰色评价模型,并对中国 11 个沿海省和直辖市的海洋科技竞争力进行了综合评价及比较分析。殷克东、王晓玲(2010)构建了中国海洋产业竞争力评价的联合决策测度模型并进行了实证分析。

四是海洋经济发展中的重大单项问题研究。第一是无居民海岛开发问题。王琪(2011)系统回顾了我国无居民海岛开发的历史进程,并分析了无居民海岛开发的趋势及政府职能定位。汤坤贤(2012)研究了我国海洋开发的开放政策,介绍了马尔代夫、韩国和日本等国外海岛开发的经验,分析了我国国家和地方的海岛开发政策,指出我国海岛开发开放的优势和面临的主要问题,提出了我国海岛开发开放政策。张祥国(2011)研究了无居民海岛开发的环境问题及其可持续利用,通过有限资源对区域社会生产线性约束的动力学模式说明了环境资源的短板约束作用,提出了无居民海岛环境资源可持续利用的原则要求和建议。另外,张杰(2012)、李丕学(2011)、陈亮(2012)就某些地区的无居民海岛开发问题进行了研究。第二是海陆统筹发展问题研究。王倩(2011)对海陆统筹进行了理论探索,从国家层面与沿海区域层面分别界定海陆统筹广义与狭义概念,对海陆统筹广义概念的内涵进行了探讨,并分析了海陆统筹与"海陆一体化""海陆互动""五个统筹"之间的区别与关系。鲍捷(2011)基于地理学视角,对"十二五"期间我国的海陆统筹方略进行了研究,认为海陆统筹既是维护国家利益和战略安全的需求,也是区域经济协调发展的迫切要求,并提出了我国海陆统筹战略对策建议。孙吉亭(2011)研究了我国海洋经济发展中的海陆统筹机制。另外,朱坚真(2011)、叶向东(2007)、李义虎(2007)等也从不同角度研究了这一问题。第三是海洋经济中的对外合作问题研究。左晓安(2011)、郭楚(2011)对粤港澳海洋经济合作问题进行了研究,叶向东(2011)提出了 APEC 海洋经济技术合作的政策建议。第四是港航物流发展问题研究。《世界海运》(2011)杂志分析认为,我国港航物流存在很大问题,就单项物流成本来说,中国几乎每项都低于发达国家,如劳动力成本、仓储成本等,但中国综合物流成本却比发达国家高得多。因此,我国很多沿海省市均十分重视发展和完善港航物流体系,降低港航物流成本。黄飞舟(2010)对海南的港航物流发展问题进行了研究,罗贯三(2008)对重庆港航物流发展问题进行了研究,史晓原(2012)、秦诗立(2011)对浙江省港航物流发展问题进行了研究,孙万通(2012)、周珂(2012)、毛铁年(2012)对舟山的港航物流发展问题进行了研究。第五是海洋清洁能源利用问题研究。孙雅萍(1998)展望了21世纪海洋能源开发利用的前景并分析了其环境效应,认为只有合理、有序地开发利用海洋,才能使人类实现可持续发展。特别强调:在开发利用海洋资源和能源的同时,要注重环境效应。张桂红(2007)研究了中国海洋能源安全与多边国际合作的法律途径,认为在能源安全问题的处理上,中国面临双重压力。加强海洋能源安全问题的国际合作有助于中国的能源安全战略以及和平发展,中国海洋能源安全问题目前主要表现在海洋能源的开发和海上能源交通安全的保障。杨木壮(2007)分析了我国海洋能源矿产资源的潜力。

二、区域层面的海洋经济发展研究

地区层面的研究主要关注特定经济区域或者行政区域海洋经济发展的特殊问题。这些研究可以分为如下几个方面。

一是区域海洋经济发展比较问题研究。黄霓(2011)对粤、鲁、浙海洋经济发展中的定位与目标、总体布局和发展重点、海洋经济实力和后续发展潜力等问题进行了比较研究。谢子远(2012)从海洋经济发展总量水平、海洋产业结构、海洋科技竞争力、海洋经济可持续发展能力等方面对浙、鲁、粤海洋经济发展进行了比较研究。

二是区域海洋经济发展战略问题研究。2005年,陆立军、杨海军就认为浙江经济得到了长足的发展,但陆域资源对经济进一步增长的承载率越来越小,必须将探索资源的眼光投向海洋。建设"海洋经济强省"是浙江经济发展阶段性的迫切要求,也是发挥浙江资源优势与区位优势的必然之路。因此,他们提出了浙江"十一五"海洋经济发展的若干建议。马涛(2007)对上海市发展海洋经济的战略进行了分析,分析了上海市发展海洋经济所面临的机遇和挑战,提出了上海市海洋经济发展的战略主体和发展重点,并就如何推动上海海洋经济发展提出了几点建议。孙群力(2007)研究了山东海洋经济的发展路径问题,在分析山东省海洋经济优势及存在问题的基础上,提出了加快海洋经济发展的若干建议。张耀光(2001)对辽宁区域海洋经济布局机理与可持续发展研究问题进行了研究,通过对辽宁海洋资源的评价,海洋经济发展、海洋产业部门结构和海洋产业布局特点等的分析,并根据海域资源差异、区域海洋经济结构差异、海洋产业分布状况等,划分出辽宁渤海海洋经济区和黄海海洋经济区。探讨了区域海洋经济区的形成与区域海洋经济布局机理。采用定性与定量相结合、从定性到定量的研究方法,应用层次分析法确定辽宁海洋经济区的发展方向与重点海洋产业部门,提出了辽宁区域海洋经济可持续发展的对策和措施。

三是区域海洋产业结构优化问题研究。朱勇生(2004)对河北省的海洋产业结构进行了研究,就河北省如何抓住机遇、迅速提高其海洋经济水平提出对策和建议。纪建悦(2007)对环渤海地区的海洋产业结构进行了静态与动态分析,并对其产业结构的调整提出了相应的对策。叶波(2011)研究了海南省的海洋产业结构优化策略,分别从产业结构变动值指标、产业结构熵数指标和MOORE结构变化指标来分析海南省海洋产业结构的动态变化,揭示海南省海洋产业发展的特点。在此基础上,通过灰色关联度和区位商分析确定海南省海洋主导产业和优势产业,最后提出优化产业结构的具体对策。房帅(2007)研究了环渤海地区海洋经济支柱产业的选择问题,建立了海洋支柱产业选择的评价指标体系,采用因子分析的方法对环渤海地区海洋经济支柱产业的选择问题进行了分析,结合环渤海地区实际情况,确定环渤海地区海洋经济的支柱产业群。朱坚真(2007)分析了环北部湾海洋经济增长与主导产业选择问题。孙瑛、殷克东等(2008)通过构建多准则的层次分析模型和动态规划的资源最优配置模型,对我国沿海省市海洋产业结构的差异、海洋产业结构优化的调整方向、资源配置的动态最优方案进行了研究。桂丽雯(2009)探讨了广东建立现代产业体系的必要性和主要对策,认为"构建现代产业体系是广东省提高产业结构层次的需要,是广东省抢占产业发展制高点的需要,广东省有效提高国际竞争力的需要"。

四是海洋经济发展对区域经济的影响问题研究。张文杰(2011)研究了海洋产业对上海经济的拉动效应,吴明忠(2009)研究了海洋经济发展对江苏经济发展的影响。

三、海洋科技与经济关系相关研究

总体来看,从科技如何支持海洋经济发展角度进行的研究相对较少。已有的研究包括:钟华(2008)对我国科技投入与海洋经济增长间的关系进行了灰色关联度分析,得出的结论是海洋科技经费投入、专业技术人员投入与海洋经济增长有着一定的正相关关联。殷克东(2009)通过构建海洋科学技术与海洋经济可持续发展的评价指标体系,运用主成分分析方法分别对海洋科学技术与海洋经济可持续发展的综合水平进行了测度与评价;根据测度与评价结果,建立了海洋科学技术对海洋经济可持续发展贡献度的计量经济学模型,并构建了海洋科学技术和海洋经济可持续发展的协调关系模型。实证研究结果表明,我国海洋科学技术与海洋经济可持续发展已经协调,但发展水平还有待于进一步提高。王泽宇(2011)运用层次分析、综合指数法对我国沿海地区海洋科技创新能力和海洋经济发展进行了评价,运用协调度模型对海洋科技创新能力与海洋经济发展的协调度进行了度量。结果表明:(1)近五年两系统间协调度平稳,无显著变化;协调度大于协调发展度,协调发展度呈下降趋势,整体协同效应有待加强;(2)沿海地区省际协调发展度差异明显,多数为海洋科技滞后型;(3)造成海洋科技创新能力对海洋经济发展贡献相对较小的因素是多方面的,主要有:海洋科技创新投入不足(如科研人才偏少、科研经费不足、科研机构研发能力弱)、海洋科技创新产出较少、海洋科技创新基础较差且重视不够、海洋产业结构有待优化、海洋科技产业化率低等。乔俊果(2012)采用C−D生产函数拓展模型,研究了政府科技投入与海洋经济增长间的关系,通过对2000—2008年沿海地区的面板数据进行实证分析,结果表明,政府海洋科技投入对海洋经济增长具有显著的正向效应,其弹性系数约为劳动力的增长弹性系数的2倍,二者均小于固定资产投资的弹性系数。作者进一步分析了海洋科技投稿对经济增长影响较小的三方面原因:第一,从我国海洋经济所涵盖的产业组成来看,劳动密集型产业产值如海洋渔业、海洋船舶业占的份额比较大,这些产业对就业的吸纳力很强但是增长率较低,对科技投入的敏感度不高,而现有的海洋科技投入主要集中在这些产业,因此海洋科技投入对整个海洋经济增长的贡献率不高。第二,海洋经济的增长主要依赖于固定资产投资拉动,说明我国海洋经济增长方式仍是粗放型增长。粗放型增长模式的主要特点是重复性低水平建设,这意味着产业的技术结构趋同,科技投入难以彻底改造传统产业。而且,我国海洋经济中海洋产业的前后向联系关系较弱,传统产业与新兴产业的关联度不高,占海洋经济份额较少的海洋高新技术产业对相关联动产业的带动力不强。第三,我国海洋科技政策投入对象主要是高校及科研机构,虽然提升了海洋科技成果的层次和海洋科技成果的数量,但是,海洋科技成果转化为生产力的机制并不是很畅通,持有海洋科技成果的是科研机构,需求方是海洋企业,由于成果交易的市场机制不完善,因此,海洋科技成果的转化率不高。也就是说,海洋科技成果只是潜在的生产力,成为现实的生产力会有时滞效应。徐进(2012)基于投入和产出方法,构建了海洋科技创新能力分析体系。在此基础上,对浙江、山东和广东三大国家海洋经济示范区的科技创新能力进行了比较分析。

可见,随着近年来海洋经济发展战略地位的提升,人们对科技如何支持海洋经济发展这一主题开始关注,相关研究逐渐增多。但是一方面相关研究从数量上来看还较为薄弱,另一方面研究的视角也较为狭窄。当前研究多从宏观上研究科技与海洋经济之间的相关关系,但科技对海洋产业结构有何影响?科技对海洋劳动生产率有何影响,其影响机理如何?我国海洋科技创新效率受哪些因素影响等问题,现有研究还没有给予充分关注。只有不断拓展相关研究的范围和视角,才能更加深入地认知科技与海洋经济之间的内在关联,进而从实现海洋经济可持续发展的角度为我国海洋科技的发展指明方向。正是基于上述思路,我们对我国海洋经济与海洋科技的发展状况、海洋科技与海洋经济之间的内在关联、海洋科技创新效率影响因素等问题展开系统的、力求规范的研究,从而为我国海洋经济的科学发展提供一定的理论支持。全书的研究框架见图1-1。

```
┌─────────────┐   ┌─────────────┐
│ 我国海洋经济  │   │ 我国海洋科技  │
│ 发展状况     │   │ 发展状况     │
└──────┬──────┘   └──────┬──────┘
       │                 │
       └────────┬────────┘
                ▼
       ┌─────────────────┐
       │ 海洋经济与海洋科   │
       │ 技的关联性分析     │
       └────────┬────────┘
                ▼
       ┌─────────────────┐
       │ 科技创新对海洋经   │
       │ 济发展的影响研究   │
       └────────┬────────┘
                ▼
       ┌─────────────────┐
       │ 我国海洋科技创新   │
       │ 效率影响因素研究   │
       └────────┬────────┘
                ▼
       ┌─────────────────┐
       │ 促进我国海洋科技   │
       │ 创新的策略研究     │
       └─────────────────┘
```

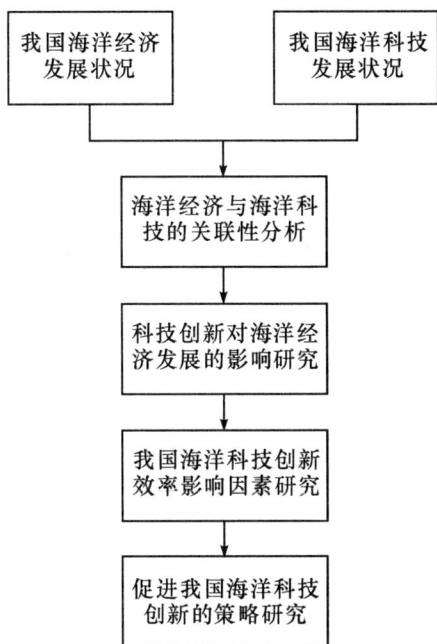

图 1-1 本书研究框架

小 结

科学技术是第一生产力,技术创新是促进经济发展的重要引擎。海洋科技创新在海洋经济发展中具有提高海洋资源利用的深度和广度、保护海洋资源实现海洋经济可持续发展、提升海洋产品的深加工水平及附加值率、催生海洋新兴产业、保护海洋生态环境、维护国家安全等重要作用。美国、日本、欧盟、韩国、澳大利亚等国家和地区都把发展海洋经济置于重要的战略地位,同时高度重视发展海洋科技,把海洋科技作为海洋经济发展的强大后盾。随着近年来我国海洋经济战略地位的提升,学术界在国家层面和地区层面对海洋经济发展问题进行了大量研究,但就科技创新如何支持海洋经济发展这一主题展开的研究尚不多见,尤其是这方面规范的量化研究还相当有限,还有很大的拓展空间。

第二章　我国海洋经济发展状况

第一节　海洋经济产出与就业状况

一、海洋经济产出状况

相对于国民经济统计，我国的海洋经济统计工作起步较晚，直到1996年才开始通过《中国海洋统计年鉴》系统发布海洋经济统计数据，到目前为止海洋产值统计口径发生了一些变化。其中，1996—1997年，同时公布"海洋总产值"和"海洋生产总值"及其产业、地区分布；1998—2005年，海洋产值统计口径以海洋总产值指标为主，详细公布其产业、地区分布状况，而海洋生产总值局限于产业分布状况而无地区数据；2006年以后则不再公布海洋总产值数据，只是发布海洋生产总值数据及其地区、产业分布。

为了全面反映我国海洋产值演变状况，我们对海洋总产值和海洋生产总值两个指标分别进行分析。

(一)海洋总产值

图 2-1 显示了 1986—2007 年我国主要海洋产业总产值及其名义增长速度。可以看出,海洋总产值持续快速增长的势头十分明显,由 1986 年的 226.62 亿元增长到 1990 年的 384.75 亿元,2000 年为 4133.50 亿元,至 2007 年达到 24929.00 亿元。1986—2007 年,海洋产业总产值年均名义增长速度波动很大,最高时达到 2001 年的 75.00%,最低时仅为 1989 年的 1.36%,但平均速度达到了 25.09%,增长速度很快。其中,1986—1990 年年均增长 18.31%,1990—2000 年年均增长 25.00%,2000—2007 年年均增长 29.27%,整体上呈现加速增长的势头。

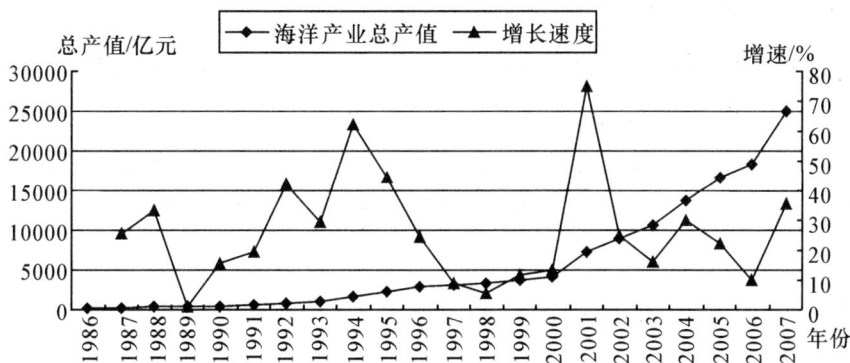

图 2-1 1986—2007 年我国主要海洋产业总产值及其增长速度

数据来源:于海楠、于谨凯、刘曙光:《基于"三轴图"法的中国海洋产业结构演进分析》,《云南财经大学学报》2009 年第 4 期,第 71—76 页。其中 2003—2005 年数据根据《中国海洋统计年鉴》进行了修正。2008 年以后的数据无从获取。

(二)海洋生产总值

2000 年与 2001 年的海洋 GDP 统计数据相差悬殊,2000 年为 2297.04 亿元,2001 年则为 9518.40 亿元,说明 2001 年起统计口径可能发生了较大变化。因此,我们仅分析 2001—2009 年我国海洋 GDP 的变动趋势,2001—2009 年我国海洋 GDP 及其占全部 GDP 的比重见图 2-2。可见,海洋 GDP 持续增长的势头十分明显,由 2001 年的 9518.4 亿元增长到 2005 年的 17655.6 亿元,到 2009 年达到 32277.6 亿元,每四年接近翻一番。2001—2009 年,海洋 GDP 占全部 GDP 的比重整体呈上升态

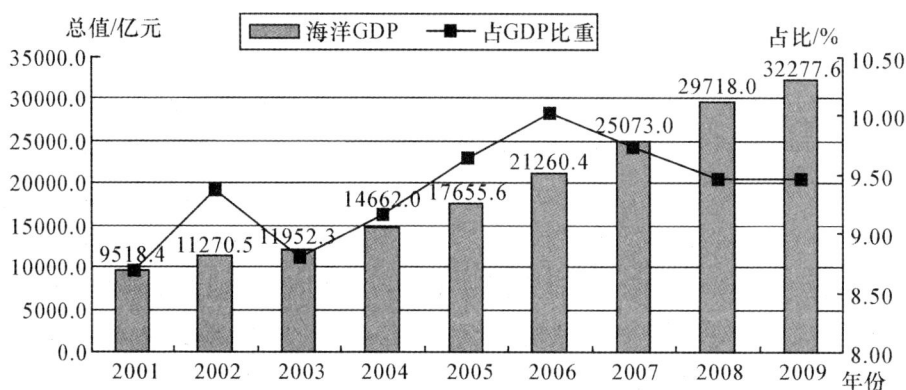

图 2-2　2001—2009 年海洋生产总值及其占 GDP 比重

资料来源:2010 年《中国海洋统计年鉴》。

势,由 2001 年的 8.68% 上升到 2009 年的 9.47%,年均每年增长接近 0.1
个百分点。但海洋 GDP 占全部 GDP 比重经历了一个先增长后下降的过
程。2001—2006 年间,海洋 GDP 占全部 GDP 的比重上升得很快,2006
年最高时达到了 10.03%,但此后就逐年下降,到 2009 年,比重已不
足 9.5%。

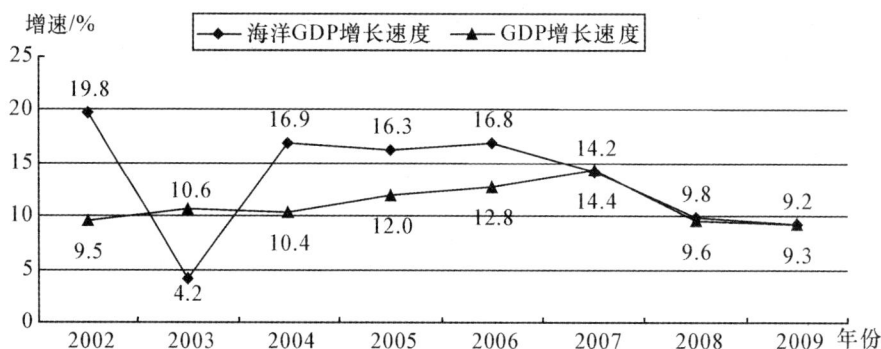

图 2-3　2002—2009 年海洋 GDP 增长速度

资料来源:海洋 GDP 增长速度来源于 2010 年《中国海洋统计年鉴》,全部 GDP
增长速度来源于 2011 年《中国统计年鉴》。

图 2-3 显示了 2002—2009 年我国海洋 GDP 增长速度及其与全部
GDP 增长速度的对比状况。其中,2006—2009 年相应年份的增长速度,
上方为海洋 GDP 增长速度,下方为全部 GDP 增长速度。可见,2002—

2006 年,海洋 GDP 增长速度整体快于全部 GDP 增长速度,这段时间内,海洋 GDP 年均增长速度为 14.8％,而全部 GDP 年均增长速度为 11.1％,这也是 2006 年之前海洋 GDP 占全部 GDP 比重快速上升的原因。2007 年之后,海洋 GDP 增长速度与全部 GDP 增长速度基本持平,但总体上均呈现出下滑势头,增长速度有所放缓。

二、海洋就业状况

衡量沿海就业情况的指标有两个:一是"涉海就业人员";二是"主要海洋产业从业人员"。其中,后一指标主要衡量直接从事海洋产业的就业人员数量,而前一指标则不仅包括直接从事海洋产业的就业人员,还包括虽不直接从事海洋产业,但却为海洋产业服务的就业人员,比如餐饮、零售等。因此,前一指标比后一指标的外延要宽。下面我们对两个指标分别进行分析。

(一)涉海就业人员

2005 年之前,我国公布的主要海洋产业年末从业人员数据,而没有涉海就业人员数据。为全面了解和掌握我国涉海就业情况,国家海洋局会同国家统计局组织全国沿海省、自治区、直辖市海洋行政管理机构和统计部门,从 2002 年 10 月开始,在全国范围内首次开展了 21 世纪初全国涉海就业情况调查。调查表明[①],2001 年我国涉海就业人员达到 2107.6 万人,占沿海地区就业人员的 8.1％,其中女性为 522.7 万人,占涉海就业总数的 24.8％。调查发现,主要海洋产业就业人员 719.1 万人,其中 35 岁以下的就业人员 395.2 万人,占 55.0％,年轻化水平高于全国其他行业平均水平;技术人员 87.0 万人,占 12.1％,高出全国 6.6 个百分点;受过高等教育的就业人员 94.5 万人,占 13.1％,接近全国平均水平的 2 倍;从事第三产业的比重为 47.0％,接近发达国家就业结构水平。涉海就业主要集中在南部沿海和长江三角洲等发达地区,占涉海就业总数的 64％。

---

①　资料来源:2009 年《中国海洋统计年鉴》;《国家海洋局公布我国涉海就业状况》,《港口经济》2004 年第 4 期,第 60 页。

2006—2009 年,我国涉海就业人员分别达到 2960.3 万人、3151.3 万人、3218.3 万人、3270.6 万人①,2001—2009 年涉海就业人员年均增长速度为 5.65%。

(二)主要海洋产业从业人员

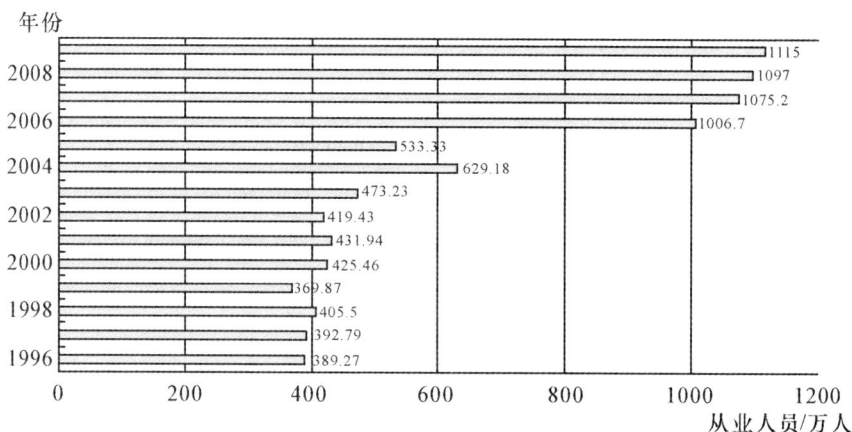

图 2-4 1996—2005 年主要海洋产业年末从业人员
资料来源:1997—2010 年《中国海洋统计年鉴》。

图 2-4 显示了 1996—2009 年我国主要海洋产业从业人员情况②。由图可以看出,1996—2005 年间,我国主要海洋产业年末从业人员呈现出缓慢的上升趋势,由 1996 年的 389.27 万人上升到 2005 年的 533.33 万人,9 年间增长了 144.06 万人,年均增长 3.56%。2006—2009 年,涉海就业也呈现出缓慢增长的态势,由 2006 年的 1006.7 万人增长到 2009 年的 1115.0 万人,3 年间增长了 108.3 万人,年平均增长速度为 3.46%。由此可以看出,海洋主要产业就业人员增长速度明显慢于同期海洋 GDP 的增长速度。

---

① 资料来源:2007—2010 年《中国海洋统计年鉴》。
② 2006 年之前与之后无可比性。1996—2005 年,主要海洋产业从业人员数量的增长比较平稳,应该是同一口径或统计方法;但 2001 年进行涉海就业人员情况调查之后,把 2001 年的涉海就业人员由 431.94 调整为 719.1 万人,显然统计方法或口径发生了变化,2006 年之后数据的异常增长应该就是来源于这种变化。

三、海洋劳动生产率状况

通过联合考察海洋产出状况及海洋就业状况，可以分析我国海洋劳动生产率的变动趋势。表 2-1 列示了相关年份我国的海洋劳动生产率状况。

表 2-1 我国海洋劳动生产率状况

年份	生产总值(亿元)	就业人员(万人)	名义劳动生产率 (元/人)	实际劳动生产率 (元/人)*
2001	9518.4	2107.6	45162	45162
2006	21260.4	2960.3	71818	63737
2007	25073.0	3151.3	79564	68376
2008	29718.0	3218.3	92341	73514
2009	32277.6	3270.6	98690	78993

＊注:2001 年不变价,根据历年海洋生产总值的实际增长速度计算而来。

表 2-1 同时列出了相关年份我国的名义海洋劳动生产率与实际海洋劳动生产率。不论从名义还是实际来看,我国海洋劳动生产率持续增长的势头十分明显。从名义劳动生产率来看,我国 2009 年海洋劳动生产率比 2001 年增长 118.52%,平均每年增长 10.26%;从实际劳动生产率来看,我国 2009 年海洋劳动生产率比 2001 年增长 74.91%,平均每年增长 7.24%。

四、我国海洋经济发展存在的问题[①]

虽然我国海洋经济产出、就业、劳动生产率等指标均保持了持续快速增长,但在海洋管理和海洋经济发展过程中也存在一些明显的问题。

(一)海洋管理力量分散,统筹协调力度不够

尽管我国已经明确综合管理与行业管理相结合的海洋管理体制,但我国的海洋综合管理仍然面临很大挑战。我国地域广大,行政区划众多,各沿海省市对海洋资源进行分散管理,各自拥有自己的区域利益。

---

① 已发表于《中国软科学》2011 年第 9 期的论文的部分内容,论文题目为《澳大利亚发展海洋经济的经验及我国的战略选择》。

为了追求地方政绩,各省市均从自己的而不是国家整体利益出发追求海洋利益,发展海洋经济。这种状况容易造成海洋资源的分割和分散,各省市在谋求自身利益最大化的同时,容易出现不利于海洋经济可持续发展的行为。比如由于海水的流动性,一个地区造成的海洋污染可能需要其他地区共同"买单"。如何对各沿海省市的海洋开发行为进行统筹协调,是我国海洋经济发展中需要解决的问题。

地区海洋管理机构级别不高,权威性不够,难以发挥真正的综合管理作用。很多海洋管理机构属于临时性质,是为了解决某一特定问题而成立。由于海洋管理层面繁多,涉及面广,往往要依赖不断成立各种"综合管理"机构,造成机构林立,职能交叉重叠,甚至产生很多新的海洋管理问题。以沿海城市中较为典型的温州市为例,除设立海洋经济工作领导小组外,其他同一级别的各种涉海临时协调机构还有十几个,包括海域勘界工作领导小组、打击走私与海防口岸管理委员会、渔业安全生产专项整治指导小组、船舶工业发展领导小组、围垦造地领导小组、标准渔港建设领导小组、海洋功能区划修编工作领导小组、临港产业基地建设领导小组、千里沿海防护林体系建设工程领导小组等等(黄艳,2010)。产生这一现象的根本原因,就是所谓的"海洋经济工作领导小组"级别偏低,不能真正负起对海洋经济的全面领导责任。

(二)海洋经济发展规划滞后,难以应对新形势下的海洋经济发展需要

2003 年,我国颁布了《全国海洋经济发展规划纲要》,在分析我国海洋经济发展现状及存在的主要问题的基础上,明确了我国发展海洋经济的指导方针和目标、主要海洋产业的发展思路、海洋经济区域布局、海洋生态环境与资源保护、发展海洋经济的主要措施,纲要的制定对指导我国海洋经济发展起到了重要作用。但纲要在很多方面不够具体,比如并没有将"海洋综合管理"的基本原则纳入纲要,发展海洋科技的举措不够具体,实施纲要的保障措施不够明确等。另外,在发展海洋经济上升为国家战略的背景下,世界海洋经济发展态势发生了很大变化,已有发展规划必须要做出适应性调整,才能对新形势下的海洋经济发展起到更好的指导作用。因此,必须促成新的"海洋经济发展规划"尽快出台。

(三)海洋立法技术需要提高,相关法律亟待完善

我国已经出台了《中华人民共和国海域使用管理法》、《中华人民共和国领海及毗连区法》、《中华人民共和国专属经济区和大陆架法》等综合海洋法及一些行业海洋法,如《中华人民共和国渔业法》、《中华人民共和国海上交通安全法》、《中华人民共和国海洋环境保护法》等。但总体来说,我国海洋综合管理法规缺乏。我国是世界上最早进行海洋管理的国家之一,但目前海洋综合立法状况还不尽如人意。世界主要海洋国家,如美国、法国、加拿大、日本、澳大利亚和韩国等在海洋综合管理方面都有相应的法律法规,其管理力度及效果都好于我国。而多年来我国海洋管理立法的步伐远跟不上现代海洋发展与现实的需要,处于弱势地位(蒋平,2006)。另外,我国海洋立法还存在操作性较差、立法过程中对执法问题考虑不够等问题(范晓婷,2009),因此提高立法技术是我国海洋立法过程中需要关注的问题。总之,与澳大利亚相比,我国的海洋立法不论数量上还是立法内容上,都还有很明显的差距,加快海洋立法的步伐尽快完善海洋法律法规是依法发展我国海洋经济的重要保障。

(四)海洋科技水平落后,科技成果转化率不高

科技水平落后、科技成果产业化水平不高一直是制约我国经济发展的重要因素。与发达国家一样,我国十分重视海洋科技工作。1996 年,我国制定了《"九五"和 2010 年全国科技兴海实施纲要》,2006 年国家海洋局等四部委联合印发了《国家"十一五"海洋科学和技术发展规划纲要》,全面规划和部署了"十一五"及其后一段时期全国海洋科技工作的发展方向和主要任务,这对推进我国海洋科技工作无疑起到了重大作用。但是,也应该清醒地看到,与发达国家相比,我国海洋科技还十分落后,还存在很多亟待解决的问题和难题。据统计,发达国家科技创新因素在海洋经济发展中的贡献率达到 80% 左右,而刘大海等(2008)的测算表明,"十五"期间我国海洋科技进步贡献率平均只有 35%。造成这种现象的原因很多,比如海洋科技创新的机制不完善,科技成果向市场转化的有效机制还没有真正建立起来;海洋科技成果产业化水平低,科技创新能力不强,科技知识有效供给不足;海洋科技管理落后,体制不健全;

科技投入严重不足,优秀海洋科技人才缺乏;海洋科技研究多为低水平重复,投入产出比例较小等(马志荣,2008)。因此,真正重视海洋科技发展,提高海洋科技发展的保障水平,创新海洋科技发展的体制机制,在提高科技水平的同时不断提高科技成果的转化率,是我国海洋科技发展的一个基本取向。

(五)海洋意识教育落后,国民海洋意识薄弱

增强全民海洋意识,对于维护我国领海主权完整、维护海洋权益、实施可持续的海洋发展战略具有十分重要的意义。刘佳英(2005)、谷方为(2007)分别针对大学生和初中生进行了海洋意识调查,发现他们虽然具有强烈的海洋主权意识,但总体海洋意识较弱,很多被调查者认为我国国土面积是960万平方公里,在脑海中根本没有300万平方公里的“海洋国土”概念。不仅如此,北京市“世纪坛”宏伟建筑,也依然把祖国疆界限定为“960万平方公里”。同时,社会上还存在一些十分错误的海洋观念,比如有些人认为我国当前的矛盾很多,有些小岛离大陆很远,岛上既没有人也没有资源,小岛的归属不影响国家安全,不值得和邻国去争,海域只是外交斗争中一个无足轻重的小筹码,只要有海港就行了,主张用小岛、海洋权益去换“友谊”(许森安,2001)。显然,在国际海洋权益之争愈演愈烈的情势下,这样的海洋意识对于维护我国的海洋主权十分不利,这种不重视海洋、不了解海洋的思想观念最终也会成为我国海洋经济发展的极大障碍。

我国国民海洋意识薄弱固然与传统的农耕文化、黄土文化有关,但更与我国的海洋教育落后有关。长期以来,在我国的国民教育体系中很少有专门的海洋知识教育,仅在地理课程中有所涉及,而且内容很少,海洋国土、海洋管理基本知识(比如领海、大陆架、专属经济区的概念)等普及、宣传不够。在远离沿海的内陆,青少年读物中涉及海洋的内容非常少,宣传海洋知识、普及海洋知识和海洋科技的机构极少见到,学生不论从学校还是从社会都不能系统地了解海洋,致使相关知识浅薄。与沿海地区比较,内陆民众海洋意识的缺失更是令人堪忧(张宇,2010)。因此,周建业在1998年就提出了“海洋意识教育要从娃娃抓起”的鲜明观点(周建业,1998)。

（六）海洋环境保护意识薄弱，立法执法存在不足

我国十分重视海洋环境保护。《中华人民共和国海洋环境保护法》确立了保护和改善海洋环境、保护海洋、防治污染损害、促进经济和社会可持续发展的基本方针。但我国在海洋环境意识、海洋环境立法、海洋环境执法等方面还存在一些问题，影响了海洋环境保护的力度和效果。一是不少地方对保护海洋环境的重要性、紧迫性认识不足，片面认为海洋范围大、容量大、自净能力强，把海洋作为排污纳垢的垃圾箱。特别是沿海部分市、县借其他地区产业转移之机，不分良莠，引入了一些科技含量低、污染较重的企业，造成了污染往沿海大转移的倾向。二是近岸海域水环境质量恶化趋势明显，污染程度和污染面积不断扩大。赤潮频频发生，渔业生产受损严重。三是海洋监测体系不健全，部分地区监测机构还是空白，监测经费不足（刘松汉，2003）。四是在立法执法方面存在不足，影响了《海洋环境保护法》的执法效果。在立法方面，我国在海洋环境立法上具有明显的滞后性，现有的法律法规中有些规定模糊不清，不符合国际公约的要求，在海洋环境保护法律体系中还存在某些环节的立法空白（马英杰，2007）。在海洋环境执法上，存在各执法部门职能交叉的问题，环保、海洋、海事、渔政、军队环保部门共同参与有关海洋环境的污染治理，"五龙治海"导致互相"扯皮"的现象时有发生，影响了海洋污染治理的效果（卞正和，2004）。

第二节　海洋产业结构[①]

在海洋经济发展中，海洋产业结构的优化和升级是一个重要的战略目标，受到国内很多学者的关注和重视。于海楠（2009）基于"三轴图"法，对我国海洋产业结构的演进过程进行了分析，张红智（2005）分析了我国海洋产业结构的现状、问题并提出了产业结构优化的目标、原则和具体措施，张静（2006）分析了我国海洋产业结构的演进规律，周洪军

---

① 　本节内容已发表于《改革与战略》2012年第4期。

(2005)分析了我国海洋产业结构的现状与变化趋势,姜旭朝(2009)分析了新中国成立以来我国海洋产业结构的变迁路径。然而,上述研究不约而同地把重点放在了三次产业结构的分析上,实际上,反映产业结构的特征指标还有很多,比如产业集中度、主导产业分布状况等。只有从多个角度对产业结构进行综合剖析,才能深入把握我国海洋产业结构的特征和演变规律。因此,我们从具体海洋产业的分布状况、海洋三次产业状况、按时序划分的产业演进状况、产业集中化程度、主导产业分布状况等多个维度对我国海洋产业结构进行剖析。

一、各海洋产业分布状况

按照目前的海洋产业分类,我国共有 12 个海洋产业,包括海洋渔业、海洋油气业、海洋矿业、海洋盐业、海洋船舶工业、海洋化工业、海洋生物医药业、海洋工程建筑业、海洋电力业、海水利用业、海洋交通运输业、滨海旅游业。2001—2009 年,各产业增加值占海洋生产总值的比重见表 2-2。

表 2-2　2001—2009 年各海洋产业分布状况　　　　（单位:%）

年份	海洋渔业	海洋油气	海洋矿业	海洋盐业	海洋船舶	海洋化工	生物医药	工程建筑	海洋电力	海水利用	交通运输	滨海旅游
2001	25.05	4.58	0.03	0.85	2.83	1.68	0.15	2.83	0.05	0.03	34.13	27.80
2002	23.23	3.87	0.04	0.73	2.50	1.64	0.28	3.10	0.05	0.03	32.09	32.44
2003	24.08	5.41	0.07	0.60	3.21	2.03	0.35	4.05	0.06	0.04	36.86	23.26
2004	21.81	5.92	0.14	0.67	3.50	2.60	0.33	3.98	0.05	0.04	34.85	26.12
2005	20.97	7.35	0.12	0.54	3.83	2.13	0.40	3.58	0.05	0.04	33.02	27.97
2006	19.37	7.59	0.07	0.46	4.32	2.12	0.32	3.71	0.05	0.04	32.23	29.71
2007	18.25	6.61	0.07	0.45	5.26	2.24	0.42	3.75	0.05	0.04	32.04	30.82
2008	18.30	8.38	0.29	0.36	6.10	3.42	0.46	2.86	0.09	0.06	28.74	30.93
2009	19.00	4.78	0.32	0.34	7.68	3.62	0.41	5.23	0.16	0.06	24.50	33.89

资料来源:根据 2010 年《中国海洋统计年鉴》计算。

可见,在 12 个产业中,海洋交通运输业、滨海旅游业的比重始终在 20% 以上,第三大产业是海洋渔业。2001—2009 年,这三大产业的比重呈现出明显的规律性变化。其中,海洋渔业和海洋交通运输业的比重呈现出持续的下降态势。海洋渔业的比重由 2001 年的 25.05% 下降到了 2009 年的 19.00%,平均每年下降 0.76 个百分点;海洋交通运输业的比重则由 34.13％下降到了 24.50％,平均每年下降 1.20 个百分点。同时,滨海旅游业的比重则呈现出持续上升的态势,由 2001 年的 27.80％上升到了 2009 年的 33.89％,平均每年上升 0.76 个百分点。

除了上述三大产业之外,其他产业的比重就明显小得多,没有任何一个产业的比重超过 10％。占比相对较大的产业是海洋船舶业、海洋工程建筑业、海洋油气业、海洋化工业。在这几个产业中,增长最为明显的是海洋船舶业,由 2001 年的 2.83％持续上升到 2009 年的 7.68％,平均每年增长 0.61 个百分点。海洋工程建筑业、海洋化工业比重上升也较为明显,2009 年分别比 2001 年上升了 2.40、1.94 个百分点。

其他产业比重都比较微小,但海洋矿业、海洋电力业、海水利用业均呈现出较为明显的增长态势,显示出良好的发展势头,而海洋盐业这一传统产业的比重则呈现出明显的下滑态势。海洋生物医药业总体也呈上升态势,但 2009 年份额有所下滑。

二、海洋三次产业结构状况

表 2-3 显示了 2006—2009 年我国海洋三次产业结构情况。可以看出,我国海洋三次产业结构呈现出“三、二、一”的分布格局,第一产业占比明显低于其他两个产业而且处于较为稳定的状态。第三产业比重超过第二产业,但二者比重比较接近。差距最大的 2007 年,第三产业比重比第二产业比重高出 3.88 个百分点,而到 2008 年第三产业就被第二产业追平,2009 年第三产业比重又比第二产业比重高出 1.42 个百分点。因此总体来看,海洋第三产业虽然暂时领先,但这种优势并不稳定,长期来看,二产还是三产占据主导地位,还要看各海洋产业的未来发展趋势。

表 2-3　2006—2009 年海洋三次产业结构　　　　　　（单位：％）

年份	第一产业	第二产业	第三产业
2006	5.39	46.19	48.42
2007	5.49	45.31	49.19
2008	5.42	47.29	47.29
2009	5.76	46.41	47.83

资料来源:2007—2010 年《中国海洋统计年鉴》。

三、按时序划分的产业分布状况

根据海洋产业发展的时序和技术进步程度,将海洋产业划分为传统海洋产业、新兴海洋产业和未来海洋产业(吴明忠,2009)。20 世纪 60 年代以前形成的传统海洋产业主要有海洋捕捞业、海洋运输业、海洋盐业和船舶修造业。之后发展起来的新兴海洋产业主要有海洋油气业、海水养殖业和滨海旅游业,另外,海水淡化和海洋生物医药业正在成长为海洋新兴产业。新世纪初正在形成的未来海洋产业主要有深海采矿、海洋能利用、海水综合利用和海洋空间利用等。

根据上述划分对我国的传统海洋产业、新兴海洋产业、未来海洋产业进行分类汇总并计算其在海洋生产总值中的比重,结果见图 2-5。

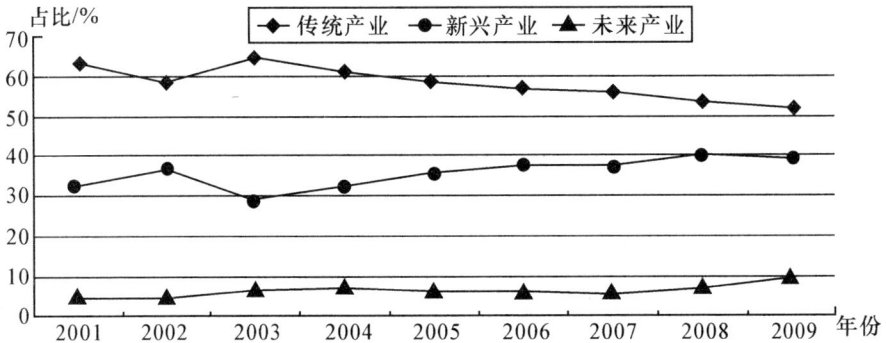

图 2-5   2001—2009 年海洋传统产业、新兴产业、未来产业结构

可见,我国海洋产业结构呈现出传统产业领先、新兴产业居次、未来产业最末的分布格局。但同时,传统产业的比重呈现出持续下滑的态势,而新兴产业、未来产业的比重则呈现出持续上升的态势,这是我国产业结构优化的一个积极信号。2001—2009 年,传统产业比重由 62.86%下降到 51.52%,除 2003 年有所波动外,几乎呈直线下滑态势。海洋新兴产业比重由 32.53%上升到 39.07%,与海洋传统产业的差距由 2001年的 30.33 个百分点缩小到 12.45 个百分点。同时,未来产业的比重则由 4.61%上升到 9.40%。

从这一角度来看,我国海洋产业结构调整取得了明显的成效,海洋新兴产业、未来产业发展势头良好,按照目前的发展趋势,五年之内海洋新兴产业比重有望超过海洋传统产业。

四、产业集中化程度

反映产业分布状况的一个重要指标是产业集中度,它测度的是产值或者劳动力在各个产业中分布的平均程度。如果产值或劳动力集中在一个或者几个主要产业中,其他产业比重很低,则产业集中度高,极端的情况是全部集中在一个产业中。如果产值或者劳动力较为平均地分布在若干产业中,则产业集中度低,极端的情况是所有产业的比重都相等。反映产业集中度的指标有很多,我们使用 HHI 指数来反映我国海洋产业分布的集中程度及其演变态势。

HHI 指 数 又 称 赫 芬 达 尔 - 赫 希 曼 指 数 (Herfindahl-Hirschman Index),通常用来测算某产业中企业市场占有率的集中程度,其计算公式如下:

$$HHI = \sum_{i=1}^{n}\left(\frac{x_i}{X}\right)^2 = \sum_{i=1}^{n}S_i^2 \tag{2-1}$$

式中,X 为被考察产业的市场总规模,x_i 为第 i 个企业的规模,S_i 为第 i 个企业的市场份额。这里我们用 HHI 指数测度各海洋产业的集中化程度,因此 X 表示海洋生产总值,x_i 为第 i 个海洋产业的增加值,S_i 为第 i 个海洋产业增加值占海洋生产总值的比重。

HHI 指数的值在 0 到 1 之间,值越大表示产业集中度越高。如果所有海洋生产总值集中在一个产业中,即 $x_i = X$,则 $HHI = 1$;如果所有产业的规模相同,即 $x_1 = x_2 = \cdots = x_n = \dfrac{1}{n}$ 时,$HHI = \dfrac{1}{n}$,此时,海洋产业类别越多,n 越大,HHI 指数就越接近于 0。

计算 2001—2009 年我国 12 类海洋产业的 HHI 指数,结果见图 2-6。

可以看出,HHI 指数呈现出明显的下滑趋势,由 2001 年的 0.261 下降到了 2009 年的 0.223。这说明,尽管我国各海洋产业分布并不均衡,优势产业与弱势产业之间的差距较大,但是这种状态正在逐渐发生改变,产业之间的差距正在缩小。也就是说,海洋弱势产业正在加快发展,我国海洋经济发展对传统优势海洋产业的依赖程度逐步减小,按照这种发展趋势,未来可能形成更多的优势海洋产业或者产业增长极。

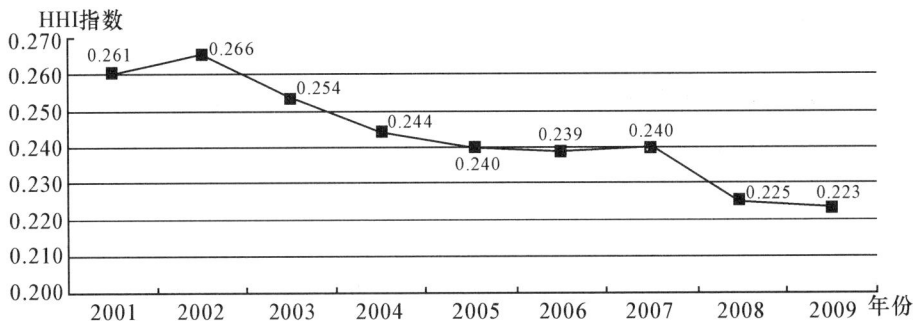

图 2-6   2001—2009 年海洋产业集中化指数

五、主导产业分布状况

由以上分析可以看出，我国海洋产业门类较多，但各产业间发展很不平衡。那么，哪些海洋产业已经形成主导产业？主导产业的数量和分布如何？尽管可以对此进行简单的观察，但难以客观确定"主导产业"与"非主导产业"的界限，即达到怎样的比重可以归为主导产业。因此，我们利用威佛组合指数(张耀光，2005)分析我国的海洋主导产业。

威佛组合指数，即最小方差。方差在数理统计中是反映样本数据变化幅度大小的统计量，其式如下：

$$S^2 = \frac{1}{n} \sum_{i=1}^{n} (x_i - \overline{x})^2 \qquad (2\text{-}2)$$

其中 S^2 为方差，x_i 为样本数据，$\overline{x}$ 为样本均值，n 为样本数。方差反映了样本数据 x_i 围绕平均数 $\overline{x}$ 变化的情况。方差值越小，数据越靠近平均数，离势小；方差值越大，数据越远离平均数，离势大。因此，方差是表示数据离散趋势的。

美国地理学家威佛利用方差(亦称威佛组合指数)的计算，进行农业分区研究，开创了这一统计方法利用的先河。威佛利用方差的一个特性，即一组数据的方差数，首先是由大变小，然后由小变大。在方差中最小的那个数，称之为最小方差，因为最小方差数是实际分布与理论分布之间偏差最小的数，因此它能反映一个地区的实际情况。利用这一方法，首先可确定一个地区有哪几种主要产业，同时也就可以知道该地区是几类产业区。在测算中，首先假定一个地区的理论分布是一类产业区，然后计算实际分布与理论分布之间的方差;继而假定是二类、三类······n类产业区,分别计算实际分布与理论分布之间的方差。从所有方差中取出最小的方差,其对应的理论分布就是该地区的最优产业分布。计算2001年、2005年、2009年我国的海洋主导产业最小方差,结果见图2-7。

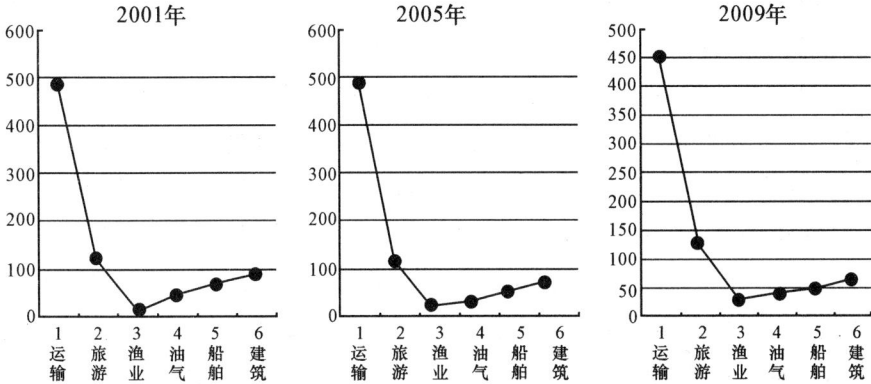

图2-7 海洋主导产业最小方差图

由图2-7可以看出,尽管数值大小上有差别,但三个年份我国海洋主导产业的最小方差分布特征十分相似。由此可以判断,2001—2009年间,我国始终具有3个海洋主导产业(其对应的方差最小),分别是海洋交通运输业、滨海旅游业、海洋渔业,这一特征在将近10年内没有发生过改变,但主导产业的排序稍有变化。2009年与2001、2005年相比,海洋旅游业由第二位上升为第一位,成为最大的主导产业。因此,尽管我国海洋产业集中度有所下降,各产业间的差距不断缩小,但三个产业占据主导地位的格局并没有发生根本改变。

因此,总体来看,我国海洋产业结构呈现出逐步高级化的特征,新兴产业、未来产业的比重逐步上升,海洋第一产业的比重已经很小,第三产业比重已略高于第二产业比重。

第三节　浙、鲁、粤海洋经济发展比较分析[①]

　　浙江、山东、广东的海洋经济战略上升为国家战略，表明这三个省份将在我国的海洋经济发展中先行先试，尝试探索成功的海洋经济发展模式，为我国的整体海洋经济发展提供经验和借鉴。因此，浙、鲁、粤既面临海洋经济大发展的巨大机遇，又承担着前所未有的责任和压力。深入分析自身海洋经济发展的优势与劣势，制定有针对性的海洋经济发展策略，实现优势发展、错位发展、快速发展、持续发展，是三省面临的艰巨任务。当然虽然有些文献对海洋经济的空间差异进行了分析，但在分析内容上有失全面，也没有对三大重点海洋经济区域进行针对性比较。在此背景下，我们对浙、鲁、粤三省海洋经济发展总量水平、产业结构、科技竞争力、可持续发展能力等四个方面进行全面比较与分析。

一、海洋经济发展总量水平比较

　　分别从海洋生产总值、海洋劳动就业、海洋人均产出三个方面进行比较。

(一)海洋生产总值

　　海洋生产总值是反映海洋经济发展水平的重要指标，反映了一个地区海洋经济的总体规模。2006—2009 年[②]浙、鲁、粤三省的海洋生产总值及占地区 GDP 的比重见表 2-4。

表 2-4　2006—2009 年海洋生产总值及占 GDP 比重　（单位：亿元，%）

	2006 年		2007 年		2008 年		2009 年	
	总量	比重	总量	比重	总量	比重	总量	比重
浙江	1856.5	11.8	2244.4	12.0	2677.0	12.5	3392.6	14.8
山东	3679.3	16.7	4477.8	17.2	5346.3	17.2	5820.0	17.2
广东	4113.9	15.7	4532.7	14.6	5825.5	16.3	6661.0	16.9

　　资料来源：根据 2007—2010 年《中国海洋统计年鉴》计算。

―――――――

　　① 本节内容已发表于《当代经济管理》2012 年第 7 期。
　　② 由于统计数据的滞后性，现在尚无法获取 2010 年的相关数据。

可见,从绝对数量上看,广东海洋生产总值规模最大,山东次之,浙江最小。但从海洋生产总值占 GDP 的比例来看,山东最高,广东次之,浙江最低。因此,从总量上分析,浙江绝对处于末位,而且与山东、广东之间的差距相对较大。从动态发展角度看,2007—2009 年,浙江海洋生产总值的名义增长速度分别为 20.9%、19.3%、26.7%,平均增长速度 22.3%;山东分别为 21.7%、19.4%、8.9%,平均增长速度 16.7%;广东分别为 10.2%、28.5%、14.3%,平均增长速度 17.7%。可见,浙江海洋生产总值增长最快而且遥遥领先,广东次之,山东最末。

(二)海洋劳动就业

劳动就业也是反映海洋经济发展水平的重要指标。2006—2009 年浙、鲁、粤三省海洋劳动就业状况见表 2-5。

表 2-5　2006—2009 年海洋从业人员及占地区从业人员比重

(单位:万人,%)

	2006 年①	2007 年		2008 年		2009 年	
	总量	总量	比重	总量	比重	总量	比重
浙江	360.1	383.4	10.6	391.5	10.6	397.9	10.4
山东	449.3	478.3	9.1	488.5	9.1	496.4	9.1
广东	709.7	755.5	14.3	771.6	14.1	784.1	13.9

资料来源:根据 2007—2010 年《中国海洋统计年鉴》计算。
注:①2006 年海洋劳动就业占地区劳动就业的比重数据缺失。

表 2-5 显示,从劳动就业绝对数量来看,广东最高而且遥遥领先,山东次之,浙江最低,这与海洋生产总值的分布特征相同。从海洋劳动就业占地区劳动就业的比重来看,广东最高,浙江次之,山东最低。从劳动就业的动态增长来看,2007—2009 年,浙江、山东、广东三省海洋劳动就业环比增长速度分别为 6.5%、2.1%、1.6%,平均增长速度均为 3.4%,海洋劳动就业的相对变动轨迹极为相似。

(三)海洋劳动生产率

在考察了海洋生产总值及海洋劳动就业之后,我们考察三省的人均海洋生产总值,即海洋劳动生产率状况。表 2-6 显示了 2006—2009 年浙、鲁、粤三省海洋劳动生产率及其名义增长速度。

表2-6　2006—2009年三省海洋劳动生产率及增长状况（单位：元/人，％）

	2006年	2007年		2008年		2009年	
	生产率	生产率	增长	生产率	增长	生产率	增长
浙江	51555.12	58539.38	13.55	68378.03	16.81	85262.63	24.69
山东	81889.61	93619.07	14.32	109443.20	16.90	117244.20	7.13
广东	57966.75	59996.03	3.50	75498.96	25.84	84950.90	12.52

资料来源：根据2007—2010年《中国海洋统计年鉴》计算。

表2-6显示，山东的海洋劳动生产率最高，而且遥遥领先于其他两省。2006—2008年，浙江海洋劳动生产率低于广东，但到2009年，浙江已略高于广东。从增长速度来看，2007—2009年，浙江省海洋劳动生产率平均增长速度达到18.35％，山东为12.78％，广东为13.95％，浙江明显领先于其他两省。

二、海洋产业结构比较

海洋产业结构是海洋经济的基础，反映了海洋经济发展中各产业构成的比例关系，是反映海洋经济发展状况的重要标志。我们从三次产业结构、产业集中化程度、主导产业构成及分布等三个方面对浙、鲁、粤三省海洋产业结构状况进行刻画。

（一）三次产业结构

表2-7显示了2006—2009年浙、鲁、粤三省的三次产业结构状况。

表2-7　2006—2009年三省海洋产业结构　　　　　　（单位：％）

	2006年			2007年			2008年			2009年		
	一产	二产	三产	一产	二产	三产	一产	二产	三产	一产	二产	三产
浙江	7.42	39.65	52.93	6.86	40.53	52.61	8.67	41.98	49.35	7.02	45.95	47.02
山东	8.34	48.55	43.10	7.60	48.14	44.26	7.20	49.18	43.62	6.99	49.67	43.34
广东	4.44	39.88	55.68	4.58	38.35	57.07	3.78	46.68	49.54	2.77	44.61	52.62

资料来源：根据2007—2010年《中国海洋统计年鉴》计算。

从表2-7看出，浙江、山东、广东三省产业结构高级化的态势均比较明显，第一产业所占比重已经很低，到2009年，比重最高的浙江也仅有7.02％。相应地，三省二产、三产所占比重都很高。相比之下，广东的产业结构高级化态势更加突出，海洋经济的服务化程度更高，其产业结构呈现出明显的"三、二、一"结构格局。尽管四年间有所波动,但这种产业结构格局已经处于比较稳定的状态,三产相对于二产的优势地位比较明显。相比之下,浙江也是"三、二、一"的产业结构格局,但显然这种格局正处于快速的调整过程之中。2006—2009 年,浙江三产所占比重逐年下降,四年间下降了 5.91 个百分点,而二产比重则上升了 6.3 个百分点。到 2009 年,二产比重仅比三产比重低 1.07 个百分点。按照这种发展趋势,浙江二产比重将在短期内反超三产。与浙江、广东不同,山东的二产优势地位明显,呈现出"二、三、一"的产业结构格局,而且从发展动态来看,二产的比重还在继续上升,三产比重则有所下降。

(二)产业集中化程度

产业集中化程度可以用集中化指数进行测度:

$$I = \frac{A-R}{M-R} \tag{2-3}$$

式中,I 为集中化指数,A 为实际分布的累计百分比总和,M 为集中分布时的累计百分比总和,R 为均匀分布时的累计百分比总和。$I \in [0,1]$,I 越大,表示产业集聚化程度越高,I 越小,表示产业越趋向于均匀分布。

计算 1996—2005 年[①]浙江、山东、广东三省海洋产业的集中化指数,结果见图 2-8。可见,三省的产业集中化程度表现出不同的演变特征。

1996—2005 年,浙江产业集中化程度呈持续下降的态势,由 1996 年的 0.98 下降到了 2005 年的 0.55。这种演变过程又可以分成两个阶段:2001 年之前的缓慢下降过程与 2002 年之后的快速下降过程。2001 年之前浙江海洋产业高度集中于海洋水产及相关产业,1996—2001 年海洋水产及相关产业总产值占主要海洋产业总产值的比重分别达到 83.3%、84.5%、80.7%、79.2%、75.3%,这是导致这一时期浙江海洋产业集中化指数居高不下的主要原因。但到 2002 年之后,浙江海洋产业集中化程度迅速下降,说明其他海洋产业开始成长起来,海洋产业呈现出多元化发展的态势,实际上,到 2005 年浙江海洋水产及相关产业总产值比重已下降到 28.2%。

---

① 2006 年之后《中国海洋统计年鉴》不再公布各地区海洋产业具体状况,因此无从计算集中化指数。

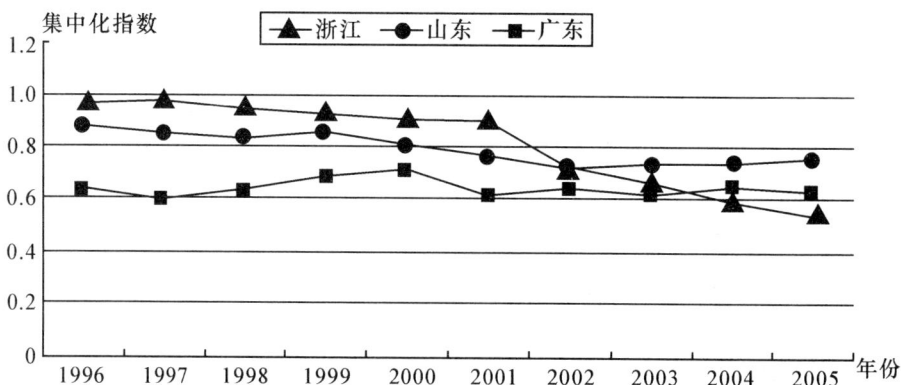

图 2-8　1996—2005 年三省产业集中化指数

资料来源：根据 1997—2006 年《中国海洋统计年鉴》计算。

　　山东的海洋产业集中化指数呈现出先下降、后上升的演变态势。2002 年之前，山东产业集中化指数总体呈下降趋势，由 1996 年的 0.88 下降到 2002 年的 0.71，尔后又缓慢回升到 2005 年的 0.75。山东对海洋水产及相关产业的依赖程度一直较高，这一特色在三个省份中表现得很突出，1996 年、2000 年、2005 年海洋水产及相关产业总产值占山东主要海洋产业总产值的比重分别为 82.6%、74.8%、53.2%，虽然呈下降趋势，但一直保持较高的水平。

　　广东海洋产业集中化指数一直保持较为平稳的态势，2005 年与 1996 年相比基本没有发生变化。1996—2005 年，广东海洋产业集中化指数最低为 1997 年的 0.59，最高为 2000 年的 0.71，上下起伏不大，说明广东的海洋产业发展格局较为稳定。

　　三省的产业集中度对比在 2002 年发生了较大的翻转。2002 年之前，浙江最高，山东次之，广东最低。2002 年之后，山东的海洋产业集中度成为最高，广东次之，浙江最低。总体上，1996 到 2005 年间，山东、广东的海洋产业集中化程度变化相对稳定，在整个时间段内广东的海洋产业集中度一直低于山东，没有发生过变化，而浙江的海洋产业集中化程度变化最大，由海洋产业集中化程度最高的省份变成了集中化程度最低的省份。

(三)优势主导产业

每个省份均选取前六大产业,计算其各种理论分布状态下的方差值。为了演示三省优势主导产业的动态演变过程,我们分别计算了各省2001年和2005年的威佛组合指数[①],结果见图2-9。

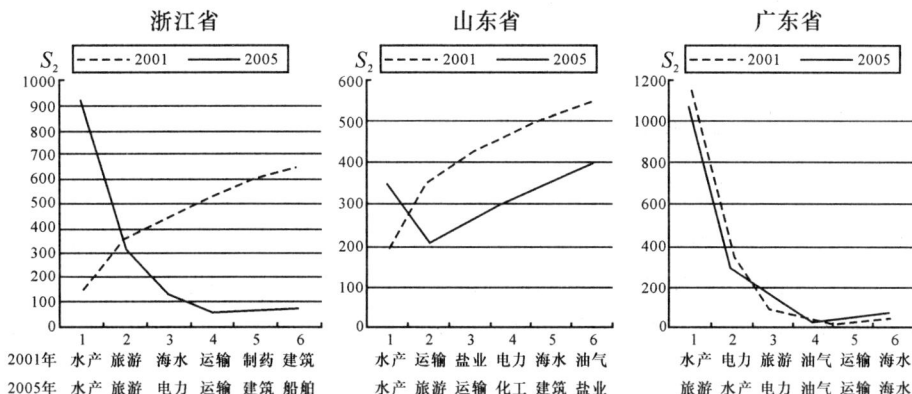

图 2-9　三省主导产业最小方差图

从图2-9看出,2001—2005年,浙江省的优势主导产业发生了较大变化,由一类产业区变成了四类产业区。2001年,海洋水产及相关产业一业独大,但到2005年,已经呈现出四个优势主导产业多元发展的局面,浙江海洋经济对海洋水产及相关产业的依赖性大大减小,形成了多个优势产业极。山东由2001年的一类产业区变成2005年的二类产业区,除了传统的海洋水产及相关产业之外,旅游也已经成长为山东的优势主导产业。2001—2005年,广东由五类产业区演变为四类产业区,说明广东的海洋主导产业变得相对更加集中。从此可以看出,浙江、广东的海洋产业发展更趋向于多元化,呈现出多产业相对均匀发展的局面,而山东的海洋产业仅集中在两个产业上,而且对海洋水产这一传统产业的依赖度很高,因此可以判断,广东、浙江的产业结构较山东合理。

从优势产业分布上看,2005年,浙江的主导产业包括海洋水产、滨海旅游、海洋电力、海洋交通运输四个产业;山东的主导产业包括海洋水产

---

①　由于2006年之后不再发布各省海洋经济按产业分的详细数据,故此处只能计算到2005年。

和滨海旅游两个产业;广东的主导产业包括滨海旅游、海洋水产、海洋电力、海洋油气四个产业。可见,水产和旅游已经成为三省的共性主导产业,浙江、广东的海洋电力发展势头良好,浙江的特色海洋产业是海洋交通运输,而广东的特色海洋产业则是海洋石油和天然气。值得一提的是,尽管海洋水产是三省的共性优势产业,但广东的海洋水产业已经失去了排名第一的传统优势地位,取而代之的是海洋旅游,这显示出广东海洋产业结构调整和升级的巨大成效。

三、海洋科技竞争力比较

海洋科技与海洋经济发展密切相关,海洋科技成果的产业化转化既可以催生新的海洋产业,也可以实现对传统海洋产业的转型升级。因此,海洋科技竞争力水平是海洋经济发展水平的一个重要标志,也决定着区域海洋经济发展的潜力。因此,我们对浙、鲁、粤三省的海洋科技竞争力水平进行比较与分析。比较分两个阶段进行:2006 年之前和 2006 年之后。

(一)2006 年之前

殷克东(2009)利用解释结构模型构建了我国海洋科技实力的综合评价指标体系,其中包括海洋科技发展基础水平、海洋科技投入水平、海洋科技产出水平、海洋科技成果转化、海洋科技对社会经济、技术发展的影响力 5 个二级指标,33 个三级指标。通过熵值法、灰色关联分析、PCA、AHP 等方法分别构建了测度模型,采用 Kendall 和模糊聚类法对 2002—2006 年我国沿海地区海洋科技实力进行了测度和分析,并对我国各沿海地区的科技实力进行了梯度划分,结果见表 2-8。

从表 2-8 可以看出,2002—2006 年,浙、鲁、粤三省比较,山东的海洋科技竞争力最强,始终排在沿海地区第一位,广东、浙江分别处于第二、第三梯队。因此,2002—2006 年,海洋科技竞争力排名依次是山东、广东、浙江。

表 2-8   2002—2006 年我国沿海地区海洋科技竞争力梯队划分

年份	第一梯队	第二梯队	第三梯队	第四梯队
2002	山东	上海、广东、福建、江苏	浙江、天津	辽宁、河北、海南、广西
2003	山东	福建、上海、广东、江苏	天津、浙江	辽宁、海南、河北、广西
2004	山东	福建、上海、广东	江苏、天津、浙江	辽宁、河北、海南、广西
2005	山东	福建、广东、上海、天津	浙江、江苏	辽宁、广西、河北、海南
2006	山东	上海、广东、天津	江苏、浙江、福建	辽宁、海南、河北、广西

资料来源：殷克东（2009）。

（二）2007—2009 年

为了对三省最近几年的科技竞争力状况进行比较，我们拟对 2007—2009 年三省科技竞争力进行测算。殷克东（2009）的指标体系虽然全面，但有些指标无法用已有数据进行测度，因此在实际测算中作者对指标体系进行了一定的简化，但具体简化情况不明，而且作者还对部分指标进行了替代处理，具体细节也不详细，因此难以用这种方法对 2007—2009 年的情况进行测算①。同时我们注意到，伍业锋（2006）建立了我国沿海地区海洋科技竞争力的评价理论与评价体系，包括海洋科技投入、海洋科技产出、投入产出效率 3 个二级指标及 6 个三级指标，并对 2003 年我国沿海省市的海洋科技竞争力进行了评价，结果见表 2-9。观察表 2-8 与表 2-9 可见，两篇文献对 2003 年沿海各省市科技竞争力的排序结果极为相似。同时，伍业锋（2006）建立的指标体系简化、清晰，所有指标均可以用现有的统计数据进行准确计算，不存在指标歧义。因此，我们借用该方法对我国沿海地区 2007—2009 年的海洋科技竞争力进行测算，以便反映该时段浙、鲁、粤三省的海洋科技竞争力状况。

表 2-9   2003 年沿海地区科技竞争力排名

地区	天津	河北	辽宁	上海	江苏	浙江	福建	山东	广东	广西	海南
竞争力	4	10	8	3	2	7	6	1	5	9	11

资料来源：伍业锋（2006）。

---

① 使用同一方法的目的是保持评价结果的可比性。

在伍业锋(2006)建立的指标体系中,海洋科技竞争力得分为科技实力竞争力得分、科技工作能力竞争力得分、科技投入产出效率竞争力得分的加权平均。科技实力竞争力反映海洋科技投入状况,其得分为总体规模竞争力得分(科研机构数量、从业人员数量、专业技术人员数量)、平均规模竞争力得分(平均从业人员数量、平均专业技术人员数量)、科技人员结构竞争力得分(高、中、初级职称)的加权平均。科技工作能力竞争力反映海洋科技产出能力,其得分为所承担的各类海洋科技课题数量得分的加权平均。海洋科技投入产出效率竞争力得分为从业人员人均承担课题数量及专业技术人员人均承担课题数量得分的加权平均。简化起见,此处不再列示计算的具体步骤和中间结果,直接将测算结果中浙、鲁、粤三省相关数据取出置于表 2-10 中。

表 2-10　2007—2009 年三省海洋科技竞争力比较

	浙江				山东				广东			
	实力	能力	效率	综合	实力	能力	效率	综合	实力	能力	效率	综合
2007 年	65.5	61.9	69.8	65.7	93.2	84.0	69.9	85.1	81.2	91.5	85.4	84.8
2008 年	65.7	59.1	64.3	63.7	92.9	84.1	66.6	84.1	81.2	89.4	79.6	82.9
2009 年	66.9	61.4	70.0	66.3	90.9	84.4	73.9	85.0	80.4	90.2	89.4	85.1

注:综合竞争力＝实力竞争力×0.5＋能力竞争力×0.25＋效率竞争力×0.25。

测算结果显示,2007—2009 年间,山东省海洋科技竞争力仍然领先,但领先广东的优势已经非常式微,到 2009 年,广东的海洋科技综合竞争力得分甚至已经以微弱优势反超山东。这说明,虽然山东的海洋科技竞争力仍然强势,但广东的发展势头很好,二者的海洋科技竞争力可能会呈现出一种你追我赶的局面,如果山东没有发展海洋科技的紧迫感,未来很可能会被广东反超。相比之下,浙江的海洋科技竞争力明显被甩在后面,与山东、广东的差距非常明显。分项来看,山东的优势在于海洋科技实力竞争力,即海洋科技投入较大。广东的海洋科技投入虽然不及山东,但其产出能力却高于山东,而且广东的海洋科技投入产出效率明显高于山东。从这种情况来看,广东海洋科技的发展后劲更足,只要进一步加大海洋科技投入水平,其海洋科技竞争力就会迅速得到提升。而山东则不能过度依赖海洋科技投入的支撑,提高海洋科技投入产出效率和产出水平是更为紧迫的任务。但相对于提高科技投入来说，这个任务更加艰巨，可能涉及到科技资源的重新配置和激励约束机制的根本改变，而这无疑是一个长期的过程。至于浙江，其不仅海洋科技综合竞争力落后，而且在各个单项指标上均处于落后状态。因此，对于浙江省来说，在海洋科技投入有限的情况下，当务之急是提高海洋科技投入产出效率，在财政能力允许的情况下，考虑进一步提高海洋科技投入水平。

四、海洋经济可持续发展能力比较

对海洋经济发展状况进行考察，不能仅仅局限于对海洋经济发展现状的考察，更重要的是考察海洋经济的可持续发展能力。海洋经济可持续发展是可持续发展理念在海洋领域的体现，是这样一种发展模式：技术上应用得当，资源利用节约，生产集约经营，生态环境不退化，可以实现海洋资源的综合利用、深度开发和循环再生，经济上持续发展和社会普遍接受。其内涵可概括为：海洋经济的持续性、海洋生态的持续性和社会发展的持续性，其中经济的可持续性是中心，生态系统的可持续性是基础，社会发展的可持续性是目的（张德贤，2000）。

影响海洋经济可持续发展能力的因素很多，翟仁祥（2010）从海洋资源禀赋力、海洋产业发展力、海洋科技支撑力、海洋环境保护治理力4个层面，构建了由30个指标组成的中国海洋经济可持续发展评价指标体系，并分别运用层次分析法、主成分分析法、因子分析法、灰色关联度法、熵值法五种综合评价方法对2007年中国海洋经济可持续发展能力进行了定量分析，最终的评价结果见表2-11[①]。

表 2-11　2007 年中国海洋经济可持续发展指数类型划分

类别	Ⅰ型（高）	Ⅱ（较高）	Ⅲ（中等）	Ⅳ（弱）
可持续发展综合指数	山东、浙江	广东	天津、福建、辽宁、上海、江苏	河北、海南、广西
海洋资源禀赋力指数	山东、广东	辽宁、天津	江苏、河北、福建	浙江、广西、海南、上海

---

①　由于作者所用指标体系涉及的统计数据发布口径发生改变，此处数据没有进行更新。可持续发展能力应该保持相对稳定，在短期内不会发生质的改变。

续表

类别	Ⅰ型(高)	Ⅱ(较高)	Ⅲ(中等)	Ⅳ(弱)
海洋产业发展力指数	浙江	山东、广东	上海、福建	天津、辽宁、海南、河北、江苏、广西
海洋科技支撑力指数	福建、天津	上海、山东	海南、广东、江苏、浙江	辽宁、河北、广西
海洋环境保护治理力指数	辽宁	山东	江苏、福建	天津、浙江、河北、广东、上海、海南、广西

资料来源:翟仁祥(2010)。

从海洋经济可持续发展综合指数来看,山东海洋经济可持续发展能力最强,浙江次之,二者均处于第一梯队,广东处于第二梯队。海洋资源禀赋力主要包括湿地面积、红树林面积、海水养殖面积、盐田面积、确权海域面积等海洋自然资源状况。从海洋资源禀赋力指数来看,山东、广东处于第一梯队,而浙江则远远地落在第四梯队。这说明,就发展海洋经济的资源禀赋来说,浙江处于劣势,但在这种不利条件下,浙江的可持续发展综合指数仍然排名靠前,这是非常难能可贵的。海洋产业发展力主要从经济总量和结构方面反映海洋经济可持续发展能力,包括海洋生产总值、海洋三次产业、海洋矿业、化工产量、港口货物、旅客吞吐量、滨海旅游收入等几个指标。从海洋产业发展力指数看,浙江领先,处于第一梯队,山东次之,广东再次,二者均处于第二梯队。海洋科技支撑力主要测度海洋科技发展水平,包括海洋科研从业人员数量、海洋科研经费投入、海滨观测台站数量、海洋研发经费占预算支出比重等四个指标。从海洋科技支撑力指数看,山东高于广东,而广东又高于浙江,这与我们对三省海洋科技竞争力水平的比较结果排名相似。海洋环境保护力主要测度海洋经济发展中对海洋环境的治理力度,包括废水、废物排放情况、污染治理竣工项目、海洋自然保护区面积等指标。从海洋环境保护治理力指数来看,山东优于浙江,浙江优于广东,浙江、广东均处于第四梯队,说明其海洋环境保护工作都有待加强,否则可能成为阻碍海洋经济可持续发展的重大障碍。

作为比较和验证,我们考察另外一个研究成果。林筱文(2011)构建了包括海洋产业发展能力、海洋资源供给能力、海洋环境治理及保护能力、海洋科技综合能力和社会发展能力等五个方面的海洋经济可持续发展能力综合评价指标体系,在此基础上建立了多层次的灰色关联综合评价模型,并运用 2008 年的数据对沿海 11 省市的海洋经济可持续发展能力进行了测算。浙、鲁、粤相关测算结果见表 2-12。

表 2-12　2008 年三省海洋经济可持续发展能力测评结果

	产业发展能力关联系数	资源供给能力关联系数	环境治理及保护能力关联系数	海洋科技综合能力关联系数	社会发展能力关联系数
浙江	0.9314	0.7109	0.6159	0.8002	0.9800
山东	0.8205	0.8384	0.7433	0.9116	0.7735
广东	0.9032	0.7618	0.7240	0.8876	0.7978

资料来源:林筱文(2011)。

对比表 2-11、2-12 相关数据可以发现,两个测算结果相似度较高,说明这两种测算结果是较为稳健、可靠的。

五、结论

在浙江、山东、广东海洋经济发展战略上升为国家战略的背景下,我们从海洋经济发展总量水平、海洋产业结构、海洋科技竞争力、海洋经济可持续发展能力等方面对三省海洋经济发展现状及趋势进行了全面比较与分析。总体上可以得出如下结论:在海洋经济发展总量水平上,浙江暂时处于落后状态,但浙江的发展速度要高于山东、广东,与两省的差距在逐渐缩小。浙江、广东的海洋劳动生产率明显低于山东,因此如何提高海洋劳动生产率成为两省面临的共同问题;在海洋产业结构方面,广东的服务化水平明显高于浙江、山东,"三、二、一"的产业结构格局业已形成并稳定下来,山东的优势则在于第二产业,浙江的第二产业发展势头也十分迅猛,有望短期内反超第三产业。山东的海洋产业集中程度最高,对海洋水产这一传统产业的依赖程度偏高,产业结构欠合理,广东的海洋产业集中度居次,浙江的海洋产业集中度迅速下降,产业多元化发展的格局正在形成。在优势主导产业上,三省既有共性,也有个性,浙江、广东的优势主导产业多元化趋势较山东明显得多;在海洋科技竞争力水平上,浙江不仅在总得分上而且在各分项得分上均明显落后于山东、广东,提升海洋科技竞争力任重道远。山东虽然暂时领先广东,但在科技产出、投入产出效率方面均落后于广东,过度依赖高额海洋科技投入不具有可持续性,广东如果进一步加大海洋科技投入,可能在短期内就会明显超越山东。因此通过优化制度设计不断提高海洋科技效率,成为山东海洋科技发展中面临的首要任务。在海洋可持续发展能力方面,三省在沿海 11 省市中均排名靠前。浙江、广东面临的一个最大课题是如何提高海洋环境保护水平,以进一步提升海洋经济可持续发展能力。

小　结

不论从总产值、生产总值等价值指标,还是劳动就业指标来看,我国海洋经济均保持了持续快速增长。由于海洋劳动生产率的持续提高,我国海洋产出的增长速度明显高于劳动就业的增长速度,海洋生产总值占GDP 的比重整体呈现上升态势,但近年来海洋生产总值与国内生产总值的增长速度均有放缓趋势。我国海洋经济在发展过程中还存在一些明显的问题,如海洋管理力量分散,统筹协调力度不够;海洋经济发展规划滞后,难以应对新形势下的海洋经济发展需要;海洋立法技术需要提高,相关法律亟待完善;海洋科技水平落后,科技成果转化率不高;海洋意识教育落后,国民海洋意识薄弱;海洋环境保护意识薄弱,立法执法存在不足,等。在产业结构方面,海洋三次产业结构比例近年来变化不大,但第一产业的比重已经很低,第二产业、第三产业的比重已占绝对优势,其中第三产业比第二产业比重略高;传统产业比重持续下降,新兴产业、未来产业比重持续上升;海洋产业集中化指数持续下降,说明产业发展呈现多元化趋势,严重依赖于某几个优势产业的形势发生了很大变化;海洋主导产业近年来变化不大,海洋运输、海洋旅游、海洋渔业三大产业始终排在前三位,但海洋旅游业的地位有所上升,已成为最大的海洋产业。对山东、浙江、广东三大国家海洋战略区进行了比较,说明我国各海洋经济区各有优势与劣势,在海洋经济发展中应当扬长避短,取长补短,培育地方特色与竞争优势。

第三章　我国海洋科技发展状况

第一节　我国海洋科技发展政策与进展

一、我国海洋科技政策演进

我国海洋政策发布经历了两个较为密集的时期：一是 1993—1996 年；二是 2006 年之后，1997—2005 年间发布的海洋科技政策相对较少。

1993 年，我国发布了《海洋技术政策要点》，这也是可见到的我国最早的系统性海洋科技政策法规，其目标是"引导海洋科技队伍形成整体力量，重点发展海洋探测和海洋开发适用技术，有选择地发展海洋高、新技术，并形成一批相应的产业，适当安排重大海洋基础研究，使我国海洋科学技术在本世纪末逐步接近世界先进水平，以满足开发海洋资源、保护海洋生态环境和维护我国海洋权益的需要。"围绕这一目标，我国在《海洋政策要点》中就海洋测绘和综合调查、海洋监测和公益服务系统、海洋生态环境保护、海洋工程、海洋通信和导航定位系统、港口和海上高效运输通道建设、海洋生物资源开发利用、海洋油气矿产能源勘探开发、海水资源开发利用等九个方面需要重点发展的技术进行了明确规划。

1996 年，我国制定了《中国海洋 21 世纪议程》，阐明了海洋可持续发展的基本战略、战略目标、基本对策,以及主要行动领域。《议程》共分十一章,其中第六章为"科学技术促进海洋可持续利用",分"海洋可持续利用的科学基础"、"探索新的、可开发的海洋资源"、"提高海洋开发技术水平"、"发展海洋服务与保障技术"四个方案领域论述了海洋科技发展问题。其中"海洋可持续利用的科学基础"部分,围绕"加强与海洋持续利用有关的管理科学和应用基础科学的研究,为协调海洋环境和经济建设的关系,促进海洋可持续利用提供科学依据"这一目标,提出加强六个方面的研究:与海洋资源和环境可持续利用有关的管理科学的研究、海岸带陆海相互作用研究、海洋资源和环境承载力研究、海洋变异对气候变化影响研究、海洋资源和环境的科学评价、获取和积累与海洋可持续利用相关的科学数据、资料和信息。"探索新的、可开发的海洋资源"部分,围绕"依靠科技进步和对海洋逐步的、深入的认识,探索新的可持续利用的海洋资源,为世代利用海洋和从海洋持续获取利益提供资源储备"这一目标,提出了四个方面的行动计划:一是开展中国近海及深海油气资源勘查,发展中国海洋石油地质理论,研究中国大陆架和海洋盆地的油气分布规律,开辟油气开发新领域。同时,开发海洋油气资源勘探新技术装备的研究,提高资源含量评价技术和测度技术水平和能力。二是积极探索海洋中可利用的生物特种、化学元素、淡水资源等新的、可开发利用资源。三是开展海洋可再生能源的分布、含量的调查和评价,进行海洋潮汐能、波浪能、潮流能、温差能、盐差能、海流能开发利用的可靠性研究等。四是加强深海矿产资源的调查。"提高海洋开发技术水平"部分,围绕"实现科学技术与海洋经济一体化发展;形成海洋开发技术研究、实验、推广应用和向现实生产力转化的机制;逐步提高科技在海洋产业和海洋经济中的贡献率;推动海洋高新技术产品、产业和产业群快速增长;促进海洋产业可持续发展"这一目标,提出了六个方面的行动计划:一是完善和宣传《海洋技术政策》(蓝皮书),促进海洋开发技术持续发展;二是研究开发海水淡化技术、海水化学元素提取技术、海水直接利用技术,推进沿海地区海水综合利用的进程;三是发展海洋生物技术;四是推进海洋再生能源开发利用的规划和速度;五是开发深海矿产资源开采技术研究和应用;六是发展海洋空间开发利用技术。"发展海洋服务与保障技术"部分,围绕"提高海洋服务和保障技术水平,实现海洋观测、监测、预报和信息传输的现代化,为海洋开发、减灾防灾、保护海洋环境等提供有效服务"这一目标,提出了五个方面的行动计划:一是发展海洋观测和探测技术;二是推进海洋环境预报技术研究和服务功能;三是发展海洋污染和海洋环境要素的现场监测与探测技术;四是开展计算机在海洋科学技术开发方面的应用;五是加强海洋防腐防污技术的开发和应用。

同样是在 1996 年,中国政府有关部门联合制定了《"九五"和 2010 年全国科技兴海实施纲要》,开始实行以推动海洋产业技术进步为目标的"科技兴海"计划,旨在重点研究、开发和推广海洋农牧化技术、海洋生物资源深加工技术、海洋药物开发提取技术和海水化学资源利用技术;培育海洋科技企业,带动海洋产业生产力水平的提高,使科技进步在海洋产业产值增长中的贡献率从 30% 提高到 50%。为实施"科技兴海"计划,中国正式启动了"510"工程:开发 10 大系列海洋新产品;推广 10 项重大产业化技术;建立 10 个科技兴海示范基地;开发 10 类可广泛推广的实用技术;扶持 10 个大型海洋科技企业集团。在国家中长期规划中已明确将海洋资源高效开发利用、海水淡化、海洋生态与环境保护、海洋环境立体监测技术、天然气水合物开发技术作为优先发展领域。也是在 1996 年,海洋高技术被国家正式列入"863 计划",共分三个主题:海洋技术主题、海洋生物技术主题、海洋探查和资源开发技术主题。

2006 年我国发布的《国家中长期科学和技术发展规划纲要》对海洋科技发展给予了高度关注,其中把"海洋技术"作为一个单独的部分,指出要"重视发展多功能、多参数和作业长期化的海洋综合开发技术,以提高深海作业的综合技术能力。重点研究开发天然气水合物勘探开发技术、大洋金属矿产资源海底集输技术、现场高效提取技术和大型海洋工程技术。"并指出了若干项海洋前沿技术,如海洋环境立体监测技术、大洋海底多参数快速探测技术、天然气水合物开发技术、深海作业技术等。在"人类活动对地球系统的影响机制"中,特别提到了"海洋资源可持续利用与海洋生态环境保护"问题。另外,海水淡化技术、大型海洋工程技术与装备技术等均成为优先发展的主题。2006 年,国家海洋局、科学技术部、国际科学技术工业委员会、国家自然科学基金委员会联合印发了《国家"十一五"海洋科学和技术发展规划纲要》,确定在"十一五"期间,我国海洋基础科学研究能力和水平将显著提高,重大海洋核心技术自主研发水平将实现新突破,海洋科技创新体系基本完善;海洋科技对海洋经济、海洋管理、减灾防灾和海洋安全的支撑能力显著增强;海洋科技对海洋经济的贡献率达到 50％;海洋科技高层次人才数量增加 30％。到 2020 年,海洋科技总体水平达到中等发达国家同期水平,为建设海洋强国奠定坚实的科技基础。《国民经济和社会发展第十二个五年规划纲要》把发展海洋经济与海洋科技提升到前所未有的战略高度,明确指出要"加强海洋基础性、前瞻性、关键性技术研发,提高海洋科技水平,增强海洋开发利用能力"。

2008 年 8 月,国家海洋局印发了《全国科技兴海规划纲要(2008—2015)》。这是中国新形势新阶段对科技兴海工作的全面规划,是中国首个以科技成果转化和产业化促进海洋经济又好又快发展的规划,是指导未来 5～10 年中国科技兴海工作的行动指南。《纲要》提出了至 2015 年我国海洋科技发展的总体目标和区域目标。总体目标是:到 2015 年,海洋科技促进海洋经济又好又快发展的长效机制初步建立,科技兴海布局合理,海洋产业标准体系较为完善,科技成果转化率提高到 50％以上,取得一批海洋产业核心技术,培育三到五个新兴产业,培育一批中小型海洋科技企业;以企业为主体的科技创新体系初步形成;海洋公共服务能力显著提高;海洋产业竞争力和可持续发展能力显著增强;海洋开发利用与海洋生态环境保护协调发展;科技进步对海洋经济的贡献率显著提高。区域目标是:到 2015 年,基本形成适应区域海洋科技能力和沿海经济社会发展需求、具有区域特点、国家和地方及企业相结合的科技兴海平台。环渤海和长江三角洲地区,形成以中心城市为载体的海洋科技成果转化、产业化和服务平台,以及辽宁"五点一线"、津冀沿岸带、山东半岛城市群、长三角城市群构成的科技兴海网络,加速海洋高技术产业集聚、辐射和扩散,营造海洋科技实现梯度转移的良好环境;珠江三角洲地区和海峡西岸经济区发挥区域和政策优势,形成特色的海洋高技术成果转化和产业化基地;北部湾经济区和图们江口区形成接应基地。规划从推进海洋高新技术产业发展和解决海洋经济发展中的问题入手,提出五大主要任务:一是优先推动海洋关键技术集成和产业化;二是加快海洋公益技术应用,推进海洋经济发展方式转变;三是加快海洋信息产品开发,提高海洋经济保障服务能力;四是构建科技兴海平台,强化科技兴海能力建设;五是实施重大示范工程,带动科技兴海全面发展。

2008年12月,国家海洋局通过下发《关于为扩大内需促进经济平稳较快发展做好服务保障工作的通知》,出台十大政策措施,以确保海洋工作为国家扩大内需、促进经济平稳较快发展提供服务保障。《通知》把"加速海洋科技成果产业化"作为措施之一,要求根据《全国科技兴海规划纲要(2008—2015年)》的要求,大力推动科技兴海重大示范工程的立项,坚持把投资重点放在科技兴海平台、基地和工程技术中心的建设上,积极组织实施在海洋高技术产业、生态工程建设、循环经济发展、海水综合利用、海洋可再生能源等方面的科技项目,做好海洋经济运行监测与评估,引导海洋产业发展方向,优化海洋产业结构和布局。《通知》还明确,对于地方确实急需,海洋科技含量又高的一些产业化项目,可优先考虑由国家项目配套拉动。

2011年9月16日,国家海洋局、科技部、教育部和国家自然科学基金委在北京联合召开全国海洋科学技术大会,并联合发布了《国家"十二五"海洋科学和技术发展规划纲要》,明确提出了"十二五"期间我国海洋科技发展的总体目标:海洋基础研究水平和关键核心技术逐步进入世界先进行列,自主创新能力明显增强,海洋探测及应用研究能力和海洋资源开发利用能力显著增强,海洋综合管理和控制技术水平显著提高,海洋科技资源配置得到进一步优化,海洋科技仪器设备和装备条件显著改善,具有国际影响力的高层次的人才和团队建设取得明显成效,沿海区域科技创新能力显著提升,海洋科技创新体系更加完善,海洋科技对海洋经济的贡献率达到60%以上,基本形成海洋科技创新驱动海洋经济和海洋事业可持续发展的能力。海洋调查实现新跨越,基础研究的原始创新能力增强。重要海域调查实现常态化,近海基本实现透明化,国际海域与极地考察国际竞争能力大幅提升,资源和生态研究实现新突破,基础学科体系得到完善和发展。科技论文数量比"十一五"增长8%以上,论文影响力显著提高。海洋开发技术自主化实现大发展,专利申请增长30%以上,专利授权增长35%以上,技术标准体系进一步完善,科技成果转化率显著提高。前沿海洋技术取得新突破,重大工程装备关键技术产业化取得标志性成果,形成具有自主知识产权的产业技术体系。在沿海地区做大做强一批有影响力的海洋创新型企业,形成若干海洋高技术产业基地和科技兴海基地,不断完善科技兴海技术支撑体系,推动科技成果产业化、业务化进程,为培育和发展海洋战略性新兴产业提供支撑和引领。海洋环境监测探测技术装备国产化水平显著提高,初步形成深远海环境监测能力,海洋预报技术实现精细化和全球化,海洋短期气候预测水平得到显著提升,对海洋管理、海洋环境安全保障、海洋能力拓展和应对气候变化的支撑服务能力显著增强。到2020年,海洋科技总体水平跻身世界先进行列,基本形成与国民经济和社会发展相适应的海洋科技研究体系及创新人才队伍,基本形成覆盖中国海、邻近海域及全球重要区域的环境服务保障能力,自主创新能力显著增强,科技整体实力满足增强我国海洋能力拓展、支撑海洋事业发展、保护和利用海洋的需要。围绕上述总体目标,纲要明确了八大重点任务:一是强化海洋调查探测研究,提高海洋认知能力;二是突破海洋开发关键技术,培育战略性新兴产业;三是发展海洋服务保障技术,促进深远海能力拓展;四是加强海洋生态保护研究,推进人海和谐发展;五是深化海洋管理技术,拓展海洋综合管理能力;六是健全海洋创新体系,优化海洋研发应用能力;七是完善科技基础条件,提升海洋自主创新能力;八是培养壮大人才队伍,增强海洋科技竞争能力。纲要明确要以下列重点专项促进海洋重要领域实现跨越发展,具体包括:一是国际海域资源调查与开发研究;二是南北极环境综合考察;三是海洋系列业务卫星研制;四是海洋防灾减灾技术集成与应用;五是海上试验场建设。纲要提出的保障措施有:一是强化组织领导,促进协调发展;二是加大科技投入,提供保障能力;三是营造创新环境,激励成果转化;四是加强国际合作,提高科研水平。

二、我国海洋科技进展状况

我国海洋科技从20世纪50年代开始,走过了50余年的发展历程。虽然起步的基础非常薄弱,但已取得巨大进步,主要表现在:海洋调查研究取得丰硕成果,为海洋科学研究、资源开发和经济发展提供了有力支持;海洋高新技术发展迈出了新的步伐,缩短了与海洋技术先进国家的差距;海洋科技国际合作呈现持续发展态势,在国际海洋事务中的影响力日益提高;海洋科技人才队伍和基础能力建设不断强化;特别是海洋科技成果转化实现了跨越式发展,加快了海洋科技成果产业化的步伐,基本形成了服务经济建设、发展高新技术、加强基础研究三个层次的战略格局，促进了我国海洋经济的持续快速增长[①]。

"十五"期间[②]，我国海洋科技成果主要集中在北极和南极科学考察、海洋卫星和遥感技术、海水养殖技术、海洋科学考察、海洋污染调查和环境整治等领域。其中，以下海洋科技成果获得国家海洋局颁发的海洋科技创新奖一等奖：中国首次北极科学考察、中国第二次北极科学考察、南极地区对全球变化的响应与反馈作用研究、南极中山站高空大气物理观测研究、海洋卫星载人工程民用遥感系统（921—2—15）数据处理系统建设、海洋一号卫星地面应用系统、国家海洋信息系统建设、我国遥感卫星应用效果的数字仿真系统、建立海洋地理和资源信息系统及海底地形三维模拟与仿真技术研究、养殖栉孔扇贝高产抗逆新品种培育、中国明对虾健康养殖技术研究与示范、海带配子体克隆制种技术研究与开发、文昌鱼进化发育生物学、海洋微（超）微型光合浮游生物的生态生理研究、低洼盐碱地以渔改碱技术及渔农综合利用结构模式研究、牡蛎三倍体育种苗与增养殖技术研究、紫菜种苗工程、我国专属经济区和大陆架多波束海底地形勘测、冲绳海槽及相邻陆架古环境演变的研究、中韩黄海水循环动力学合作研究、海洋溢油对环境与生态损害评估技术及应用、第二次全国海洋污染基线调查、全国涉海就业情况调查、我国专属经济区和大陆架海洋环境补充调查与评价、中国近岸海域海洋生态问题研究。

在此期间，我国研制成功 7000 米载人潜水器，成为世界下潜最深的载人潜水器，可到达世界 99.8% 的洋底。深海潜水器是国际海洋技术开发的最前沿与制高点，是 21 世纪国际海洋竞争的重要部分，是体现一个国家海洋综合技术力量的重要标记，利用它可取得海底世界的宝贵数据和资料，用于深海资源勘探、热液硫化物考察、深海生物基因、深海地质调查等领域。海水利用技术产业化取得很大进展，主要表现在：一是海水利用技术取得重大突破。我国海水淡化在反渗透法、蒸馏法等海水淡化关键技术方面，如日产 5000 吨反渗透海水淡化工程和日产 3000 吨蒸

---

① 孙志辉：《开拓创新、求真务实，努力实现海洋科技的大发展》，中国海洋年鉴 2007年版。

② "十五"期间的海洋科技进展来自华夏经纬网，http://www.huaxia.com/hxhy/hykf/2011/06/2463307.html，原文来自《海洋开发与管理读本》。

馏法海水淡化工程已有商业化建设和运行经验,并拥有自主知识产权。海水直流冷却技术已得到推广应用,海水循环冷却技术已进入每小时万吨级产业化示范阶段,有的指标已达到世界先进水平。海水脱硫技术已在沿海火电厂开始应用。海水化学资源综合利用技术取得了积极进展,如海水制盐广泛应用,海水提取镁、溴、钾等已完成千吨级中试。二是海水利用初具规模。据统计,2005年底中国已建成运行的海水淡化设备日产量达12万吨,海水直流冷却水年利用量已近480亿立方米。三是海水淡化成本迅速下降。由于创新能力不断增强,技术水平不断提高和规模的不断扩大,每吨水成本已经降到5元左右。

　　"十一五"期间,我国海洋科技投入大幅度增加,国家海洋重大专项、国家海洋领域的"科技支撑计划"、"863"计划、"973"计划、"海洋公益专项计划"等国家项目相继启动,在海洋各个专业领域推出了一大批创新性科研成果[①]。"十一五"期间,我国出版了近100部有关海洋领域的科学研究专著。特别是《中国海洋生物名录》,为我国海域的两万多种海洋生物建立了"身份证";《中华海洋本草》作为一部本草纲目式的专著,首次对中国的海洋药物资源进行了系统论述。在公益性海洋调查和战略性基础研究领域,产生了一批新的科学发现和新的理论突破,例如关于波浪与环流耦合模式的机理研究、关于黑潮"多核结构"机理的认识;中国边缘海的形成演化过程、大洋碳库储存的长期性机理,海洋碳循环对气候变化的影响;海洋金属元素分布富集规律的新认识、大规模赤潮的暴发机理及危害;近海生态动力学的理论体系、牡蛎和半滑舌鳎遗传图谱的建立、鱼虾贝藻功能基因库以及免疫遗传特性的理论认识等等。

　　"十一五"期间,我国在海洋科技领域立足自主创新,突破关键技术,推出了一批创新性技术成果。培养选育了18个海水养殖良种,使中国海洋水产业实现了"海水超过淡水,养殖超过捕捞"的历史性突破;培育了12个海水蔬菜品种,形成了新的海水农业领域;推出了一批创新性海洋药物和生物制品,形成了一个新的生物技术产业;开发了海藻纤维、甲壳质纤维等新的纤维技术,创造了陆地生物纤维和化学纤维之外的另一个

---

　　① 李乃胜(青岛国家海洋科学研究中心主任):《拥抱海洋世纪　创造蓝色辉煌——关于海洋科技发展的阶段性思考》,《科学时报》2011年1月6日,第A3版。

新的纤维来源；突破了海洋微藻柴油关键技术，启动了一个新的海洋生物质能源领域；海洋仪器装备国产化迈出了重要的一步，水下潜标、海底地震仪、高频地波雷达等相继问世；现代造船技术领域，研制开发了中速柴油机的船用曲轴，显示了造船业关键技术的突破；"蛟龙"号深潜器海试达到 3759 米，标志着我国成为继美、法、俄、日之后，第五个掌握 3500 米以上大深度载人深潜技术的国家。

第二节　我国海洋科技投入产出状况

一、海洋科技投入状况

科技投入是实现科技发展的基本保证。科技投入体现在多个方面，我们从科研机构数量、科研机构从业人员数量、海洋科技活动人员数量、海洋科研机构经费收入、海洋科技课题数等多个维度对我国的海洋科技投入状况及其演进态势进行分析。需要指出的是，我国发布的海洋科技数据均针对的是"海洋科研机构"，即所有投入、产出指标均是由海洋科研机构完成的，而不包括企业、高校等其他机构的数据。如果不注意这一口径，可能造成误解。

（一）海洋科研机构数量

海洋科研机构是进行海洋科技创新的重要主体，其数量和规模是海洋科技投入水平的重要标志。图 3-1 显示了 1996—2009 年我国海洋科研机构数量变化情况。可以看出，海洋科研机构基本经历了在三个变化阶段。第一个阶段是 1996—2005 年的缓慢下降阶段。其中 1996—2001 年海洋科研机构数量稳步下降，从 1996 年的 109 个一直下降到 2001 年的 104 个。2002 年，海洋科研机构数量又回升到 1996 年的水平，但此后三年又开始持续下降，一直降到了 2005 年的 104 个。因此，从总体来看，1996—2005 年间我国海洋科研机构数量是不断下降的；第二个阶段是 2006—2008 年的平稳发展阶段。2006 年，我国海洋科研机构数量出现了一个较大幅度的增长，由 2005 年的 104 个增长到了 136 个，增长幅度

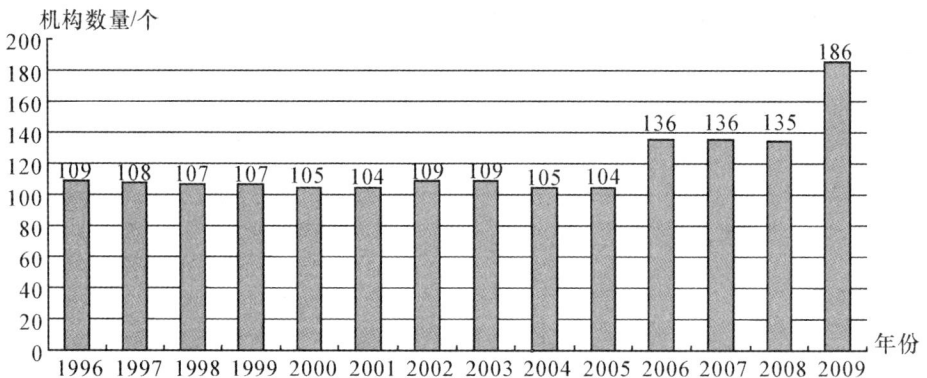

图 3-1   1996—2009 年海洋科研机构数量

资料来源:1997—2010 年《中国海洋统计年鉴》。

达到 30.77%。此后一直到 2008 年,这一水平基本没有发生变化;第三个阶段是 2009 年的爆发式增长阶段。该年,海洋科研机构数量达到了 186 个,比 2008 年增长了 51 个,增长幅度达到 37.78%,是 1996 年以来增长最快的一年。因此,1996 年以来海洋科研机构数量出现了两次较大的飞跃,第一次是 2006 年,第二次则是 2009 年。

(二)海洋科研机构从业人员数量

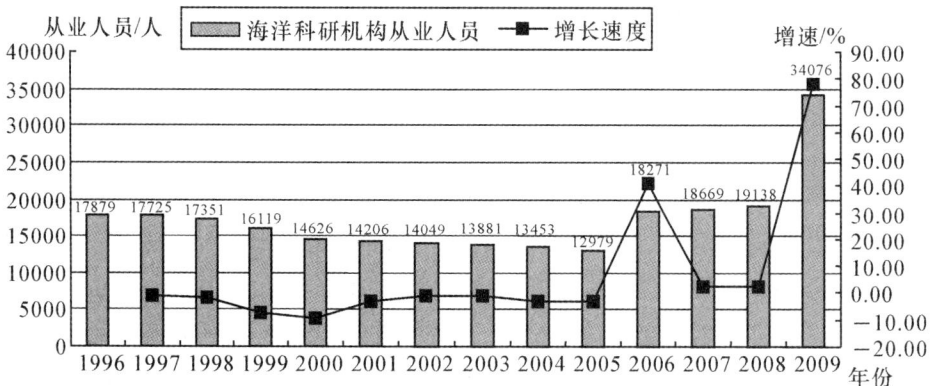

图 3-2   1996—2009 年海洋科研机构从业人员数量及增长速度

资料来源:1997—2010 年《中国海洋统计年鉴》。

图 3-2 显示了 1996—2009 年我国海洋科研机构从业人员数量及其增长状况。分析此图发现,海洋科研机构从业人员数量与海洋科研机构

数量经历了一个较为相似的变化过程。1996—2005 年,海洋科研机构从业人员数量呈稳步下降趋势,由 1996 年的 17879 人持续下降到 2005 年的 12979 人,平均每年下降 3.50％。2006 年,海洋科研机构从业人员数量发生了一次较大的飞跃,比 2005 年增长了 5292 人,增长幅度达到 40.77％,一举超过了此前 1996 年的最高水平。此后,2006—2008 年,海洋科研机构从业人员数量虽然有所增长,但增长幅度很小,平均增长速度仅为 2.35％。但到 2009 年,海洋科研机构从业人员数量又一次发生了大飞跃,比 2008 年增加了 14938 人,增长幅度达到 78.05％,几乎翻番。

(三)海洋科技活动人员数量

科研机构从业人员可以分为两类,一类是直接从事科技活动的专业技术人员,另一类则不直接从事科技活动,而是为科技活动人员的科技活动提供必要的辅助,比如接待、对外联系、打印、复印等。在我国的现行统计指标中,对于直接从事科技活动的海洋科技人员使用了两个统计指标名称,一是"海洋科技活动人员数量",二是"海洋科技专业技术人员数量",分析历年的《中国海洋统计年鉴》可以发现,两个指标的统计数据是完全相同的。

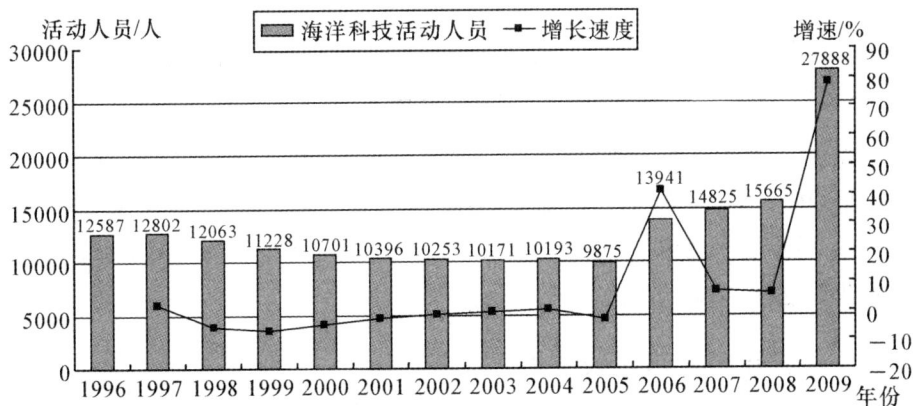

图 3-3　1996—2009 年海洋科技活动人员及其增长速度
资料来源:1997—2010 年《中国海洋统计年鉴》。

由图 3-3 可以看出,海洋科技活动人员数量与海洋科研机构从业人员数量遵循了基本相同的演变趋势。1996—2005 年,海洋科技活动人员数量持续降低,由 1996 年的 12587 人下降到 2005 年的不足万人,仅为 9875 人,9 年中减少了 2712 人,平均每年下降 2.66％。2006 年,海洋科技活动人员数量出现一个大幅增长,比 2005 年增加了 4066 人,增长幅度达到 41.17％,并超过了此前 1996 年的最高水平。2006—2008 年,海洋科技活动人员数量缓慢增长,2007 年和 2008 年分别为 14825 人、15665 人,三年间平均增长速度为 6.00％。而到 2009 年,海洋科技活动人员数量又出现一个飞跃式增长,达到 27888 人,比 2008 年增加了 12223 人,增长幅度达到 78.03％。

(四)海洋科研机构经费收入

海洋科研机构经费收入反映了海洋科技的经费投入力度。科研机构经费收入越高,说明海洋科技投入越大,否则就说明海洋科技投入越小。公开的海洋科研机构经费收入数据始于 2006 年,此前并没有海洋科研机构经费收入的统计数据。因此,我们分析 2006—2009 年我国海洋科研机构经费收入状况,相关数据见表 3-1。

表 3-1　2006—2009 年海洋科研机构经费收入　　　　(单位:亿元)

年份	2006	2007	2008	2009
额度	52.89	77.39	87.70	160.16

资料来源:2007—2010 年《中国海洋统计年鉴》。

由表 3-1 可以看出,2006—2009 年,我国海洋科研机构经费收入持续增长,由 2006 年的 52.89 亿元增长到 2009 年的 160.16 亿元,2007—2009 年每年增长速度分别为 46.32％、13.32％、82.62％,此间平均每年增长速度达到 44.68％。

(五)海洋科技课题数

海洋科技课题是为了解决海洋开发和海洋经济发展领域的重点和难点问题而设立的海洋科技攻关项目。课题数量越多,说明国家就海洋科学技术问题进行的研究越多,海洋科技投入越大。图 3-4 显示了 1996—2009 年我国海洋科技课题数量。

课题数/项

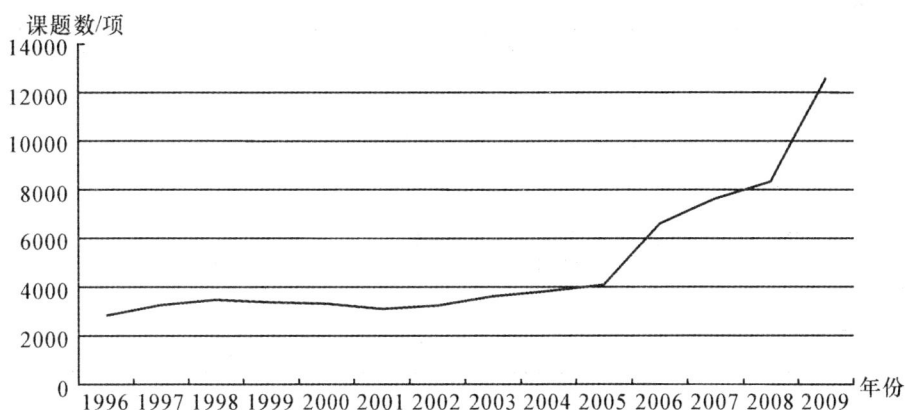

图 3-4　1996—2009 年我国海洋科技课题数

由图 3-4 可以看出,我国海洋科技课题数量呈现明显的持续增长态势,但这种增长可以分为两个阶段:一是 1996—2005 年的缓慢增长阶段,二是 2005—2009 年的快速增长阶段。1996 年,我国海洋科技课题共计 2826 个,2005 年课题数量达到 4082 个,比 1996 年增长了 44.44%,平均每年增长 4.17%。到 2009 年,我国海洋科技课题数量为 12600 个,比 2005 年增长了 208.67%,平均每年增长 32.55%。可见,近年来我国设立的海洋科技课题数量增长迅猛,反映了国家对海洋科学研究的高度重视。

海洋科技课题主要可以分为基础研究、应用研究、试验发展、成果应用、科技服务等几种类型,表 3-2 显示了历年各类课题所占的比重。

表 3-2　1996—2009 年各类科技课题所占的比重　　　　（单位:%)

	基础研究	应用研究	试验发展	成果应用	科技服务
1996	6.46	22.26	20.78	21.54	28.97
1997	12.53	26.02	20.76	19.34	21.35
1998	12.53	28.71	18.57	19.53	20.66
1999	12.39	29.09	18.27	21.15	19.11
2000	10.50	26.22	24.69	19.96	18.62
2001	11.76	22.28	24.44	18.71	22.80
2002	11.58	25.53	27.75	16.76	18.38

续表

	基础研究	应用研究	试验发展	成果应用	科技服务
2003	13.13	25.70	21.34	20.03	19.80
2004	14.64	27.49	22.51	16.43	18.93
2005	16.29	21.56	24.82	14.43	22.91
2006	25.59	26.30	18.78	10.60	18.73
2007	23.74	28.45	17.87	9.15	20.80
2008	25.06	31.50	17.05	8.30	18.09
2009	21.85	26.49	20.24	8.52	22.90

由表 3-2 可以看出,在各类科技课题中,基础研究所占的比重呈现明显的上升态势,由 1996 年的 6.46% 上升到 2009 年的 21.85%,2006 年最高时曾达到 25.59%。成果应用类课题呈现明显的下降态势,由 1996 年的 21.54% 下降到 2009 年的 8.52%,2008 年最低达到 8.30%。其他几类课题所占比重相对稳定,1996—2009 年应用研究课题、试验发展课题、成果应用课题的平均比重分别为 26.26%、20.24%、20.86%。基础研究课题比重的提高表明国家更加注重海洋科学研究的战略性、长远性,这对于我国在未来的海洋国际竞争中取得优势地位、保持海洋经济的可持续发展具有重要意义。

二、海洋科技产出状况

海洋科技产出表现为多种形式,包括专利、科技论文、科技著作等。表 3-3 显示了 2005—2009 年我国各种形式的海洋科技成果产出状况。

表 3-3　2005—2009 年我国海洋科技产出状况

	专利申请		专利受理		科技论文		科技著作
	数量	发明专利（%）	数量	发明专利（%）	数量	国外发表（%）	
2005	392	59.18	166	63.86	4189	14.35	101
2006	567	76.54	379	59.63	8492	24.12	110
2007	645	73.64	398	58.79	9104	25.75	141
2008	869	77.33	441	68.25	9485	25.00	154
2009	2550	84.71	1250	74.08	14451	22.14	248

由表 3-3 可以看出,不论是哪种形式的科技成果均呈现出持续增长态势,尤其是 2009 年实现了跨越式增长。专利申请数量和受理数分别由 2005 年的 392 件、166 件上升到 2008 年的 869 件、441 件,年均增长分别为 30.39％、38.50％,2009 年更分别增长到 2550 件、1250 件,分别比 2008 年增长 193.44％、183.45％。专利可以分为发明专利、实用新型、外观设计三种类型,其中发明专利的技术含量最高,最能体现科学技术水平。可以看出,不论是专利申请还是专利受理,发明专利所占比重均有明显的增长,发明专利申请数比重、受理数比重分别由 2005 年的 59.18％、63.86％增长到了 2009 年的 84.71％、74.08％,这表明我国的海洋科技专利不仅在数量上迅速增长,而且在质量上也不断提高。海洋科技论文数量由 2005 年的 4189 篇上升到 2008 年的 9485 篇,平均每年增长 31.31％,2009 年更增长到 14451 篇,比 2008 年增长了 52.36％。其中在国外发表的海洋科技论文比重在 2005 年仅为 14.35％,2006 年即提高到 24.12％,此后一直保持在 20％以上的水平。海洋科技著作由 2005 年的 101 部增长到 2008 年的 154 部,平均每年增长 15.10％,到 2009 年增长到 248 部,比 2008 年增长了 61.04％。

三、海洋科技投入、产出的相对强度分析

以上分析了我国海洋科研机构科技投入与产出情况,进一步的一个问题是:相对于海洋经济在整个国民经济中的地位,我国现有的海洋科技投入和产出与整个国家的科技投入和产出相比处于何种地位? 海洋科技投入、产出与海洋经济发展是否相匹配? 为了分析这一问题,我们构建如下指标:

$$S^{it} = \frac{I_m^{it} / I_n^{it}}{GDP_m^t / GDP_n^t}$$

其中,S^{it} 表示某一科技指标 i 在第 t 年的相对强度,I_m^{it}、I_n^{it} 分别表示第 t 年海洋科技 i 指标及对应的全国指标,GDP_m^t、GDP_n^t 分别表示第 t 年的海洋生产总值及国内生产总值。

在这一指标中,分母 GDP_m / GDP_n 表示海洋生产总值占国内生产总值的比重,反映了海洋经济在国民经济中的相对地位。分子 I_m^i / I_n^i 反映了某海洋科技指标与对应的全国指标的比值。如此,我们可以考察各海

洋指标的发展程度是否与海洋经济发展相适应。如果 $S_i=1$,表示 i 指标与海洋经济发展相适应;如果 $S_i>1$,表示 i 指标超前于海洋经济的发展;如果 $S_i<1$,表示 i 指标落后于海洋经济发展。

由于各海洋科技指标均对应于海洋科研机构这一口径,因此全国的相关指标也采用科研机构这一口径,具体来自《中国科技统计年鉴》中的"研究与开发机构",其 2005—2009 年的相关统计指标见表 3-4。

表 3-4　2005—2009 年我国海洋科研机构科技创新状况

	科研机构数(个)	R&D经费内部支出(亿元)	R&D人员(万人)	R&D课题数(项)	专利申请(件)	专利授权(件)	科技论文(篇)	科技著作(种)
2005	3901	513.1	24.1	39072	6814	3234	109995	3578
2006	3803	567.3	25.7	42262	8026	3499	118211	3791
2007	3775	687.9	29.0	49453	9802	4036	126527	4134
2008	3727	811.3	30.4	54900	12536	5048	132072	4691
2009	3682	996.0	32.3	61135	15773	6391	138119	4788

资料来源:2010《中国科技统计年鉴》。

由此,计算各海洋科技指标的相对强度指标,见表 3-5。

表 3-5　2005—2009 年各海洋科技指标的相对强度

	科研机构数	经费收入	科技活动人员	课题数	专利申请	专利授权	科技论文	科技著作
2005	0.28	—	0.43	1.08	0.60	0.40	0.29	0.53
2006	0.36	0.93	0.54	1.56	0.70	0.72	0.29	1.08
2007	0.37	1.16	0.52	1.58	0.68	0.74	0.35	1.01
2008	0.38	1.14	0.54	1.60	0.73	0.76	0.35	0.92
2009	0.53	1.70	0.91	2.18	1.71	1.10	0.55	2.07
均值	0.38	0.99	0.59	1.60	0.88	0.74	0.37	1.12

可见,从海洋科技投入来看,科研机构数、科技活动人员两个指标处于相对弱势状态,即海洋科研机构的设置相对偏少,科技活动人员不足。海洋科技课题数量的强度明显大于1,到 2009 年甚至已超过 2,说明海洋科技课题设置较多。经费收入指标虽然均值略小于 1,但四年中只有

2006年小于1,其他年度均大于1,说明海洋科技经费强度也较高。值得注意的是,从2005年到2009年,各海洋科技指标相对强度持续提高的趋势十分明显,说明国家对海洋科技投入的力度要高于全国的平均水平。

从海洋科技产出各指标来看,专利申请、专利授权、科技论文相对强度的均值均小于1,处于弱势状态,但各指标也有不同。其中海洋科技论文的相对强度一直较低,到2009年最高时也仅有0.55,而专利申请、专利授权两个指标的相对强度在2008年之前一直低于1,但到2009年均超过了1。2006年以来,海洋科技著作数量与海洋经济发展处于基本匹配的状态,但到2009年其相对强度指标也已超过了2,说明近年来我国海洋科技著作的增长态势很好。各海洋产出指标相对强度持续增长的态势也较为明显。

因此总体来看,海洋科研机构数量、海洋科技活动人员、海洋科技论文三个指标处于较为明显的弱势状态,提高这三个指标应当成为我国海洋科技下一步重点关注的问题。

第三节　海洋科技人才培养状况

海洋科技的发展关键在人才。只有大力发展海洋教育,尽快造就一支结构合理、素质优良的海洋人才队伍,才能支持海洋科技事业的发展,实现我国从海洋大国到海洋强国的跨越。因此,对我国海洋科技人才培养状况进行分析十分必要。

一、专业点数发展情况

专业点数反映了人才培养的专业方向数目,点数越多,说明海洋人才培养的专业领域越广泛,为海洋经济提供的服务越具有深度和广度。我们分别考察博士、硕士、普通高等院校本专科、成人高等教育、中等职业教育专业点数发展情况。

从图3-5可以看出,1999—2008年间,除2000年以外,多数学历层次专业点数呈现出较为平稳的增长态势,博士、硕士、本专科专业点数从1999年的31个、61个、88个,分别增长到了2008年的67个、138个、286

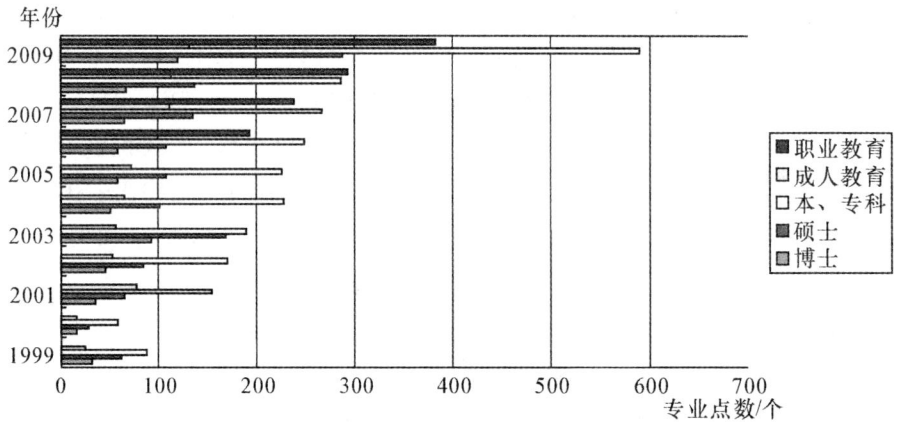

图 3-5   1999—2009 年各学历层次专业点数

资料来源：2000—2010 年《中国海洋统计年鉴》。

个,平均增长速度分别为 8.94％、9.50％、13.99％。到 2009 年,上述层次专业点数均出现了大幅增长,博士、硕士、本专科专业点数分别达到了 121 个、288 个、590 个,分别比 2008 年增长 80.60％、108.70％、106.29％,总体上增长了 1 倍多。成人高等教育专业点数在 1999—2009 年间基本呈持续增长态势,由 1999 年的 25 个增长到了 2009 年的 133 个,增长速度为 18.19％。海洋职业教育专业点数从 2006 年才有统计数据,2006—2009 年分别为 194 个、240 个、293 个、382 个,年均增长速度达到 25.34％,发展较快。

二、各层次学生毕业生数、招生数、在校生数

为了反映各层次海洋人才培养数量的变化趋势,我们分别针对博士生、硕士生、普通高等教育本专科学生、成人高等教育学生、中等职业教育学生数量做如下两个方面的分析:一是各层次学生毕业生数、招生数、在校生数的时序变动趋势及其增长速度;二是各层次学生毕业生数、招生数、在校生数分别占相应年份相应层次全部学生数量(含海洋与非海洋两类)的比重,从而分析海洋专业人才培养数量与非海洋专业人才培养数量的相对增长态势。

（一）博士生

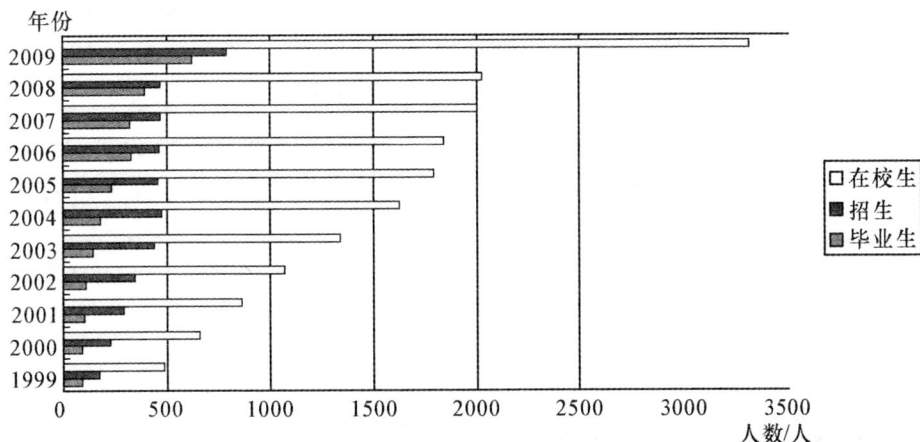

图 3-6　1999—2009 年博士生人数

观察图 3-6 可以看出，1999—2008 年，我国海洋博士在校生数与毕业生数呈现持续的增长态势，分别由 1999 年的 489 人、87 人分别上升到了 2008 年的 2025 人，395 人，增长速度分别为 17.10% 和 18.31%。2009 年，海洋博士在校生数和毕业生数均出现了飞跃式增长，分别增长了 63.70%、58.73%。1999—2009 年间，海洋博士招生人数经历了三个增长阶段：1999—2004 年持续增长，由 174 人增长到 477 人，平均增长速度为 22.35%；2004—2008 年基本持平，招生人数最低为 2005 年的 459人，最高为 2004 年的 477 人；2009 年爆发式增长，由 2008 年的 470 人增长到了 2009 年的 795 人，增长速度达到 69.15%。

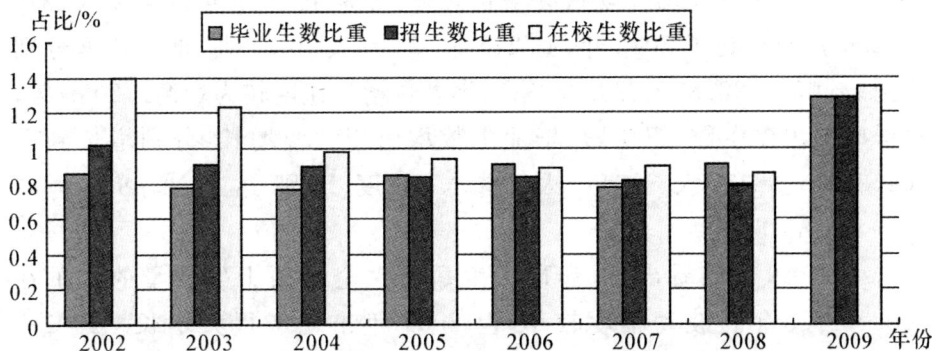

图 3-7　2002—2009 年海洋博士生数占全部博士生数比重

由图 3-7 可以看出,2002—2008 年,海洋博士毕业生数占全部博士毕业生数的比重由 0.86% 上升到了 2008 年的 0.90%,而海洋博士招生数和在校生数的相应比重则分别由 1.02%、1.40% 下降到了 0.79%、0.86%,因此该期间内与非海洋博士相比,海洋博士培养数量总体呈现出相对下降态势。但 2009 年,海洋博士生数量的三个指标比重均出现了大幅提升,毕业生数比重、招生数比重、在校生数比重分别增长了 0.39、0.49、0.49 个百分点,除在校生数比重外,其余两个比重均明显超过了 2002 年的水平。

（二）硕士生

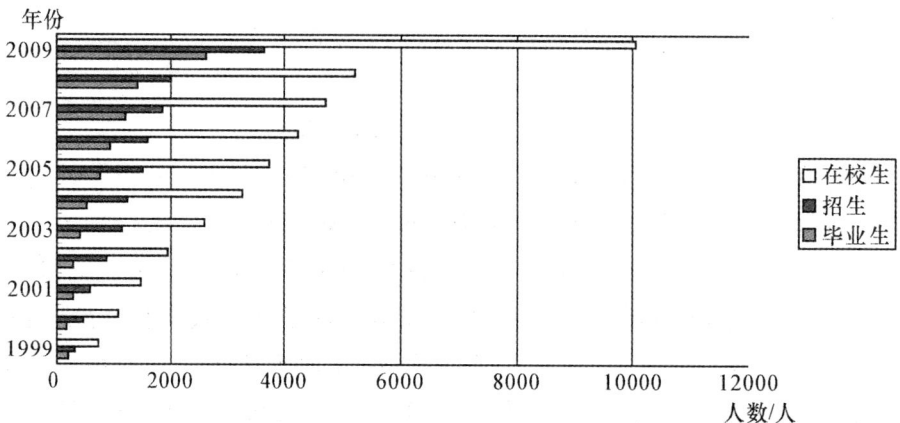

图 3-8   1999—2009 年海洋硕士人数

由图 3-8 可以看出,我国海洋硕士在校生数、招生数、毕业生数在 1999—2008 年之间均呈现持续增长态势,分别由 1999 年的 749 人、318 人、206 人增长到了 2008 年的 5214 人、2019 人、1424 人,增长速度分别达到 24.06%、22.80%、23.96%,三类人数增长速度较为均衡。2009 年,海洋硕士在校生数、招生数、毕业生数均出现大幅增长,分别增长到了 10052 人、3633 人、2644 人,增长速度分别达到了 92.79%、79.94%、85.67%。

由图 3-9 可以看出,海洋硕士生数量占全部硕士生数量的比重在 2002—2008 年间波动幅度较小,但 2009 年出现了很大增长。2002—2008 年间,海洋硕士毕业生数量比重由 0.46% 微长到 0.47%,招生数量

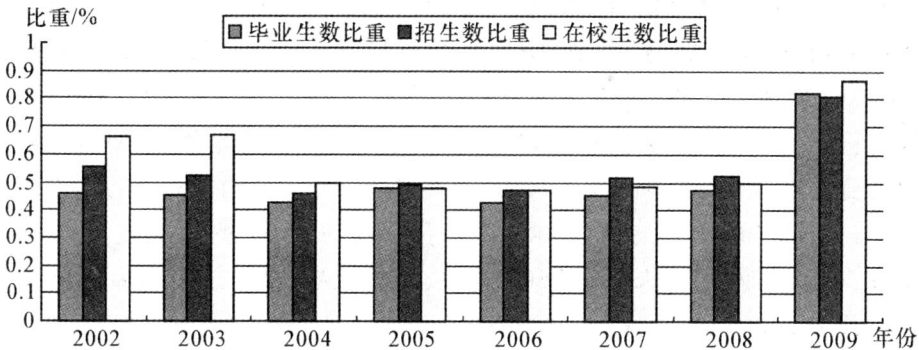

图 3-9　2002—2009 年海洋硕士占全部硕士的比重

比重由 0.55％下降到 0.52％,在校生数量比重由 0.66％下降到 0.50％,总体来说,此期间海洋硕士培养数量的增长速度慢于全部硕士培养数量的增长速度。2009 年,海洋硕士毕业生数量比重、招生数量比重、在校生数量比重分别比 2008 年增长了 0.35、0.29、0.37 个百分点,比重分别达到 0.82％、0.81％、0.87％,全部超过了 2002 年的水平。

(三)普通高等院校本专科学生

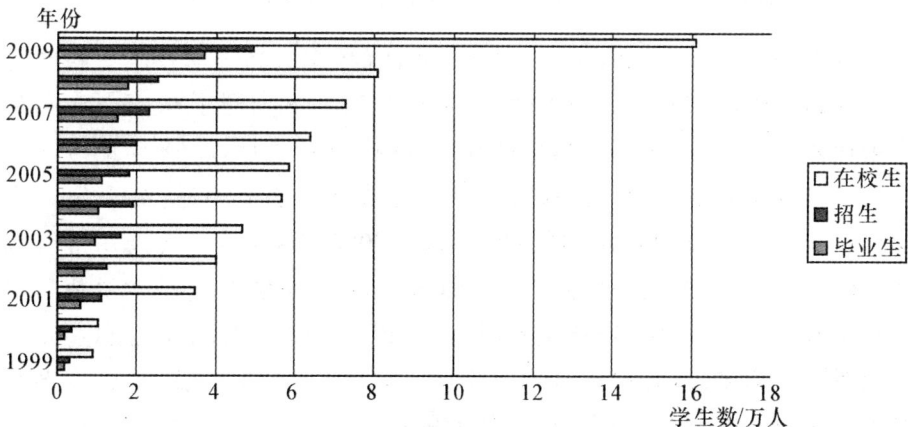

图 3-10　1999—2009 年普通高等院校本专科学生数

由图 3-10 可以看出,1999—2009 年,普通高等院校本专科学生数的演变经历了四个阶段:1999—2000 年的缓慢增长阶段,在校生数、招生数、毕业生数分别由 8782 人、3187 人、1690 人增长到 10377 人、3756 人、

1700 人,增长速度分别为 18.16%、17.85%、0.59%;2001 年出现一个飞跃式增长,在校生数、招生数、毕业生数分别达到了 34972 人、11273 人、5948 人,分别比 2000 年增长 237.01%、200.13%、249.88%,均增长了超过 2 倍;2001—2008 年的平稳增长阶段,在校生数、招生数、毕业生数分别达到了 2008 年的 80784 人、25471 人、17757 人,平均增长速度分别为 12.71%、12.35%、16.91%;2009 年的另一次飞跃式增长,在校生数、招生数、毕业生数分别达到了 160717 人、49699 人、37245 人,分别比 2008 年增长了 98.95%、95.12%、109.75%。

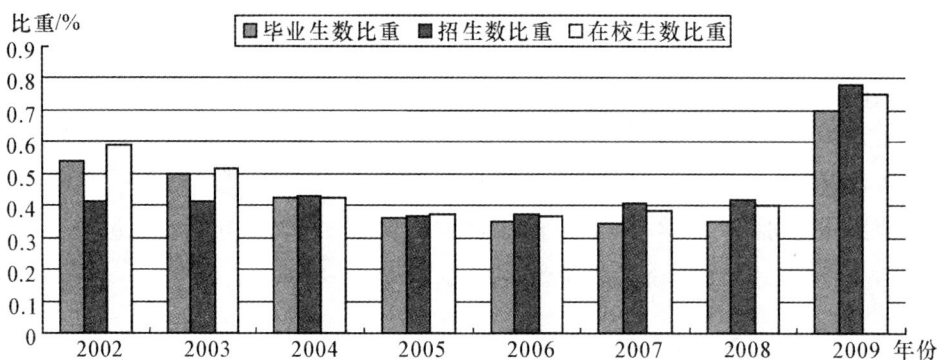

图 3-11 2002—2009 年海洋普通高等院校本专科学生数量比重

由图 3-11 可以看出,2002—2008 年,海洋普通高等院校本专科学生毕业生数量比重明显下滑,由 2002 年的 0.54% 下降到了 0.35%。招生数量比重在经过一个类似"微笑曲线"形状的波动之后,2008 年的水平与 2002 年持平,均为 0.42%。在校生数量比重下滑态势明显,由 0.59% 下降到 0.40%。因此可以得出结论,2002—2008 年间,海洋普通高等院校本专科学生数量的增长速度慢于全部普通高等院校本专科学生数量的增长速度。但 2009 年,毕业生数量比重、招生数量比重、在校生数量比重均出现了大幅增长,分别达到了 0.70%、0.78%、0.75%,分别比 2008 年增长 0.35、0.36、0.34 个百分点,全面超过了 2002 年的水平。

(四)成人高等教育学生

1999—2009 年,海洋成人高等教育学生数呈现波动式增长。其中,毕业生数由 1999 年的 88 人增长到 2009 年的 9924 人,平均增长速度达

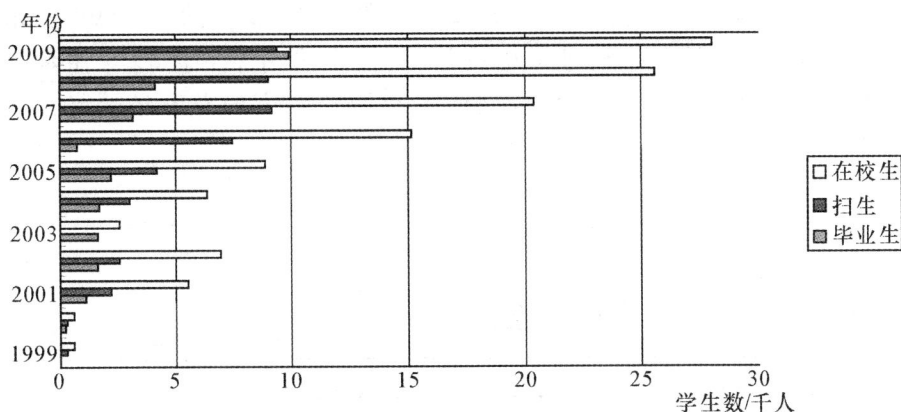

图 3-12 1999—2009 年海洋成人高等教育学生数

到 60.41%,其中 2009 年增长 138.50%。期间,2006 年出现明显的缩减,由 2005 年的 2234 人下降到 745 人。招生数由 1999 年的 260 人上升到 2009 年的 9379 人,年均增长速度达到 43.13%。其中,2003 年招生数为零。2007—2009 年,招生数基本平稳,维持在 9000 人左右。在校生数由 1999 年的 618 人增长到 2009 年的 28006 人,增长速度达到 46.43%。

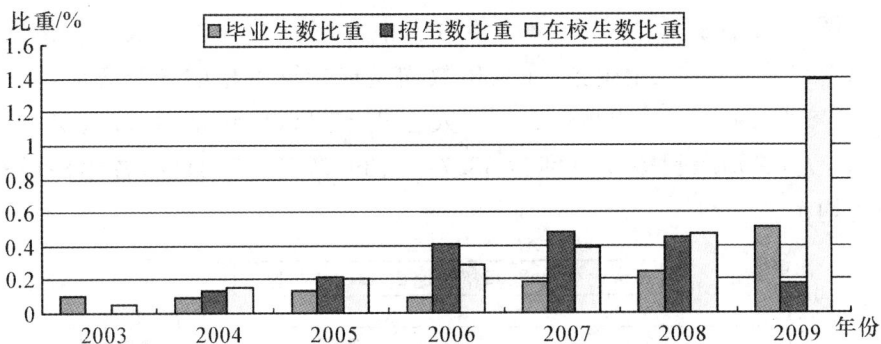

图 3-13 2003—2009 年海洋成人高等教育学生数比重

由图可以看出,海洋成人高等教育毕业生数占全部成人高等教育毕业生数量的比重在波动中呈不断增长态势,由 2003 年的 0.10% 上升到 2009 年的 0.51%,其中 2009 年比 2008 年上升了 0.26 个百分点,增幅相当大。招生数比重从 2004 年的 0.14% 上升到 2007 年的 0.48%,但 2008 年又回落了 0.04 个百分点,而 2009 年招生数比重仅为 0.17%,比 2008 年大幅下降了 0.27 个百分点,与毕业生数量比重的大幅提升形成鲜明对照。在校生数量比重从 2003 年的 0.05％ 持续上升到了 2009 年的 1.39％，2003—2008 年平均每年增长 0.08 个百分点，而 2009 年却比 2008 年提升了 0.92 个百分点，比前五年增长幅度的总和还要高出一倍多。

（五）中等职业教育学生

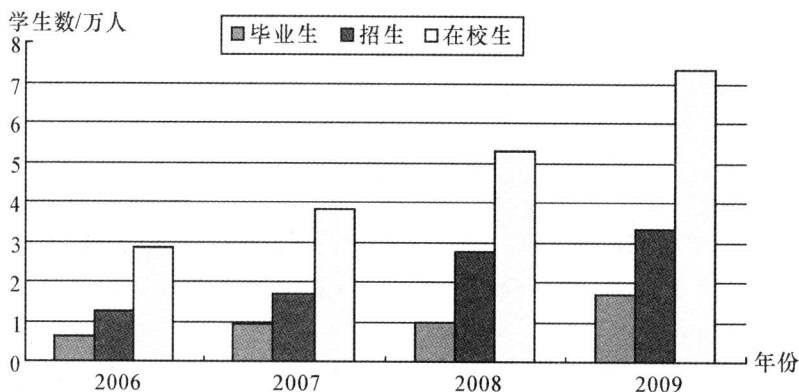

图 3-14　2006—2009 年海洋中等职业教育学生数

图 3-14 显示了 2006—2009 年海洋中等职业教育学生数变化情况，可以看出毕业生数、招生数、在校生数均呈现持续平稳的增长态势，分别由 2006 年的 6277、12263、28369 人上升到 2009 年的 16774、33487、73446 人，平均增长速度分别为 38.77％、39.77％、37.31％，各指标增长较为均衡。

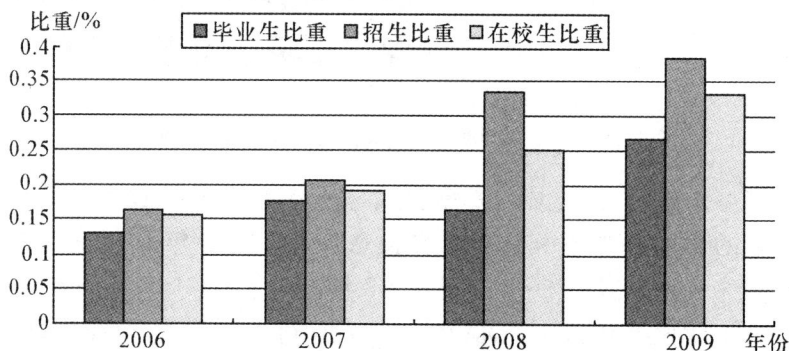

图 3-15　2006—2009 年海洋中等职业教育学生数比重

由图 3-15 可以看出,2006—2009 年,海洋中等职业教育学生毕业生数、招生数、在校生数均呈明显的增长态势,分别由 2006 年的 0.13％、0.16％、0.16％上升到 2009 年的 0.27％、0.39％、0.33％,说明中等职业教育中涉海专业学生比重在不断提升。

三、海洋人才教育与海洋经济地位的适应性分析

由以上分析可以看出,从长期趋势来看,各学历层次海洋人才数量占相应学历层次全部人才培养数量的比重基本上都呈现出上升态势,尤其是 2009 年以来,或许是与海洋经济战略地位的上升相适应,各学历层次海洋人才培养数量呈现出爆发式增长。那么,与海洋经济在整个国民经济中的地位相比,目前的海洋人才培养规模是否具有基本相称的地位呢? 为此,我们构建如下反映各层次海洋人才培养强度的指标:

$$S^{it} = \frac{\text{EDU}_m^{it}/\text{EDU}_n^{it}}{\text{GDP}_m^t/\text{GDP}_{nt}}$$

其中 S^{it} 表示 i 层次人才培养在第 t 年的相对强度,EDU_m^{it}、EDU_n^{it} 分别表示第 t 年 i 层次海洋人才培养数量及对应的全国指标,GDP_m^t、GDP_n^t 分别表示第 t 年的海洋生产总值及国内生产总值。

表 3-6 2009 年我国各层次人才培养数量　　　　　(单位:人)

	博士			硕士			本专科			成人教育			中等职业教育		
	毕业生	招生	在校生	毕业生	招生	在校生	毕业生	招生	在校生	毕业生	招生	在校生	毕业生	招生	在校生
2002	12849	34004	76800	63639	157324	292793	1236385	3037614	6819413	—	—	—	—	—	—
2003	18806	48740	108598	92241	220007	391917	1877492	3821701	9051171	1593358	—	5591573	3464004	5157529	12567264
2004	23446	53284	165610	127331	273002	654286	2391152	4473422	13334969	1896152	2211580	4197956	3591939	5662045	14092467
2005	27677	54794	191317	162051	310037	787293	3067956	5044581	15617767	1667889	1930250	4360705	4181897	6556615	16000395
2006	36247	55955	208038	219655	341970	896615	3774708	5460530	17388441	815163	1844431	5248765	4790528	7478218	18098869
2007	41464	58022	222508	270375	360590	972539	4477907	5659194	18848954	1764400	1911132	5241550	5309032	8100241	19870065
2008	43759	59764	236617	301066	386658	1046429	5119498	6076612	20210249	1690944	2025552	5482949	5806595	8121103	20870873
2009	48658	61911	246319	322615	449042	1158623	5311023	6394932	21446570	1943893	5413513	2014776	6251904	8685241	21951663

资料来源:根据相关年份《中国教育统计年鉴》《中国统计年鉴》整理。

在这一指标中,分母 $\text{GDP}_m/\text{GDP}_n$ 表示海洋生产总值占国内生产总值的比重,反映了海洋经济在国民经济中的相对地位。分子 $\text{EDU}_m^i/\text{EDU}_n^i$ 反映了 i 层次海洋人才培养数量与对应的全国指标的比值。如

此,我们可以考察各层次海洋人才培养是否与海洋经济发展相适应。如果 $S_i=1$,表示 i 层次人才培养与海洋经济发展恰相适应;如果 $S_i>1$,表示 i 层次人才培养超前于海洋经济的发展;如果 $S_i<1$,表示 i 层次人才培养落后于海洋经济发展。

表 3-6 反映了 2002—2009 年我国各层次人才培养的数量。

据此计算各层次海洋人才培养的相对强度指标,结果见表 3-7。

表 3-7　2002—2009 年各层次人才培养的相对强度

	博士			硕士			本专科			成人教育			中等职业教育		
	毕业生	招生	在校生	毕业生	招生	在校生	毕业生	招生	在校生	毕业生	招生	在校生	毕业生	招生	在校生
2002	0.091	0.109	0.149	0.049	0.059	0.071	0.057	0.044	0.063	—	—	—			
2003	0.088	0.103	0.140	0.051	0.059	0.076	0.057	0.047	0.059	0.011	0.000	0.005			
2004	0.083	0.098	0.107	0.047	0.050	0.054	0.046	0.047	0.046	0.010	0.015	0.016			
2005	0.088	0.087	0.097	0.049	0.051	0.049	0.038	0.038	0.039	0.014	0.022	0.021			
2006	0.091	0.083	0.088	0.043	0.047	0.047	0.035	0.037	0.037	0.009	0.040	0.029	0.013	0.016	0.016
2007	0.080	0.084	0.092	0.046	0.053	0.049	0.035	0.042	0.040	0.019	0.040	0.040	0.018	0.021	0.020
2008	0.095	0.083	0.090	0.050	0.055	0.053	0.037	0.044	0.042	0.026	0.047	0.049	0.017	0.036	0.027
2009	0.136	0.136	0.142	0.087	0.085	0.092	0.074	0.082	0.079	0.054	0.018	0.147	0.028	0.041	0.035

表 3-7 清楚地显示,不论是哪个层次,海洋人才的培养均远远落后于海洋经济发展,很多指标在 2002—2008 年之间变化不大,但到 2009 年,绝大多数指标均出现了较大的增长。但即便如此,数值超过 0.1 的指标也占不到一半。这说明,虽然近年来我国加大了海洋人才培养力度,但仍然远远落后于海洋经济发展的需要,与海洋经济在国民经济中的地位很不相称。加大人才培养力度,应该成为我国海洋经济发展中的一个重要环节。

四、我国海洋人才教育存在的问题

(一)高等海洋教育在海洋人才培养中的不足[①]

虽然随着海洋经济战略地位的提升,我国海洋科技人才培养近年来

---

① 王琪、王璇:《我国海洋教育在海洋人才培养中的不足及对策》,《科技和管理》2011年第 3 期,第 62—68 页;潘爱珍、苗振清:《我国海洋教育发展与海洋人才培养研究》,《浙江海洋学院学报》(人文科学版)2009 年第 2 期,第 101—105 页。

出现了大幅增长,但仍然存在海洋高等教育发展不平衡、涉海专业单一等问题。

我国海洋高等教育整体发展不平衡。从地域上看,我国以海洋命名的高等院校仅四所,分布在山东、广东、浙江和上海,其中综合性海洋大学只有一所,且后3所都是90年代后期以来在水产院校的基础上合并组建而成。从全国涉海高校而言,在数量上略显不足,在布局上多位于沿海发达省份。其中山东作为我国海洋高等教育的重要基地,一直处于领先地位,上海的海洋高等教育整体实力也很强,辽宁、广东、江苏、福建、天津、浙江则在海洋高等教育的不同方向各有强项,但是海南、河北、广西这三个沿海省份的海洋高等教育一直比较薄弱,涉足领域较窄。在东部发达省份中,海洋人才又主要集中在青岛、广州、上海、厦门、北京、大连等大中城市。从人才培养的质量上看,少数高校海洋教育历史长、师资强、水平高,但不少涉海高校,特别是一些地方高校在海洋人才培养上存在着缺乏高水平师资、人才培养模式统一化等问题。海洋高等教育整体发展的不平衡必然会影响海洋人才在地域上的分布,海洋高等教育发展较强的省份,各类海洋人才也相对充足,如山东省;而海洋高等教育发展薄弱的省份,如海南省,各类海洋人才也相对缺乏。

我国海洋高等教育专业单一,结构不合理。在教育部2007年颁布的《普通高等学校高职高专教育指导性专业目录(试行)》中,共设置了519种专业,其中涉海类专业仅有水产养殖技术、海洋捕捞技术、渔业综合技术、渔业资源与渔政管理、航海技术、国际航运业务管理、海事管理、轮机工程技术、船舶工程技术、船舶检验等10种,占1.93%。由此看来我国海洋专业的种类比较单一,还远没有建立起海洋领域跨学科人才、交叉学科人才和海洋新兴产业领域高端人才培养的有效机制和教学体系,而海洋事业又偏偏具有多学科交叉渗透和集成综合的特点,迫切需要一批具备多学科知识和多方面综合素质以及多种类海洋专业知识的海洋从业者。海洋问题的研究不仅涉及自然科学,还不可避免地会涉及到人文社会科学。目前,我国各涉海高校在专业设置上,都存在重视海洋自然科学而忽视海洋人文社会科学的问题。海洋人文社会科学与海洋自然科学在学科建设上明显处于人数少、层次低、经费不足的弱势地位上。海洋社会科学发展的滞后,必然导致海洋管理、海洋法律、海洋经济等方面人才的缺乏。

(二)职业海洋教育在海洋人才培养中的不足[①]

大力发展海洋职业教育,加快培养海洋技能型人才,极大提高海洋从业者的素质,是实现海洋事业跨越式发展,建设海洋强国的迫切需要。目前,我国海洋人才,特别是海洋技能型人才短缺,后备力量薄弱。据国家海洋局统计,46 岁以上船员占总数的 70％,而 35 岁以下年轻船员不到总数的 10％。但是,当前我国海洋职业教育的发展远不能满足海洋经济发展对海洋技能型人才的需求。以我国的远洋高级船员为例,按照相关部门的预测,2011—2015 年期间我国高级船员需求量年均为 65000 人左右。根据统计,2005—2007 年我国的海运相关专业院校培养的大中专生就业于航运企业的分别为 4087 人、4823 人、6259 人,按照正常升职时间2 年计算可以成为高级船员,2005—2007 年仅能分别提供 3611 人、4261人、5530 人高级船员。而现有高级船员每年流失约 3600 名,因此自 2007年到 2009 年每年的缺口分别为:270 人、1107 人、1335 人。而 2010 年以后每年的缺口将逐年增加,因此供给远远满足不了市场的需求。

在许多沿海发达国家和地区,海洋职业教育长期以来备受关注,如澳大利亚,有 60％的职业院校是专门为海洋经济各部门、各企业培养配套技能型人才的,有 80％的专业都是围绕海洋开发、海洋利用进行设置。而在我国的职业教育体系中,由于受市场需求的影响,许多省市的职业教育都偏重于市场需求量相对较大的计算机、外语、财会等专业的人才培养,而市场需求量相对较小、专业性极强的职业海洋教育一直得不到应有的重视,职业海洋教育的缺失必然导致海洋技能型人才的短缺。

小　结

我国历来高度重视海洋科技发展工作,通过出台系列规划和政策对

[①]　王琪、王璇:《我国海洋教育在海洋人才培养中的不足及对策》,《科技和管理》2011年第 3 期,第 62—68 页。

海洋科技发展的重点领域、主要政策措施等进行了明确。"十五"及"十一五"期间,我国海洋科技取得了重要进展,有些领域的海洋科技发展已达到国际领先水平。从科技投入、科技产出或者海洋人才培养等任何一个角度来看,我国海洋科技均保持了持续快速发展势头,尤其是2009年以来很多海洋科技指标均实现了突破式增长,说明近年来国家对海洋科技发展的重视程度有了很大提高。通过测度与海洋经济发展水平的协调性,发现有些海洋投入和产出指标已实现超前发展,但有些指标则始终落后于海洋经济发展水平。尤其在海洋科技教育方面,我国各层次海洋人才的培养规模远远落后于海洋经济发展水平,还有极大的提升空间。我国在海洋高等教育与职业教育方面均存在一定的问题,这可能会对我国海洋经济的长远发展带来潜在的负面影响。

第四章　我国海洋经济与海洋科技的关联性分析

第一节　海洋经济与海洋科技的灰色关联度分析

在对我国海洋经济与海洋科技发展进行系统分析的基础上,进一步分析我国海洋经济与海洋科技的关联性。我国海洋经济统计数据的系统发布始于1996年,其中很多海洋科技相关统计指标是2005年以后才开始发布,海洋生产总值统计数据则始于2001年。因此,海洋科技与海洋经济统计数据的时间序列很短,样本规模的限制使得传统的回归分析难以得出稳健的结论。灰色关联度分析方法是按发展趋势作分析,实质上是考察相关变量曲线几何形状的相似性,对样本容量的要求较低。因此,我们利用灰色关联分析法研究我国海洋经济与海洋科技之间的相关性。

一、灰色关联分析法[①]

作关联分析首先要确定参考的数据列(母因素时间数列)x_0,将其表

---

①　杜栋、庞庆华、吴炎:《现代综合评价方法与案例精选》(第2版),清华大学出版社2008年版。

示为：

$$x_0 = \{x_0(1), x_0(2), \cdots, x_0(n)\}$$

其中 n 表示观测值的个数。

关联分析中被比较数列（子因素时间数列）记为 x_i，并将其表示为：

$$x_i = \{x_i(1), x_i(2), \cdots, x_i(n)\}$$

$i = 1, 2, \cdots, m, m$ 表示被比较数列的数量。

对于一个参考数据列 x_0，比较数列 x_i，可用下述关系表示各比较曲线与参考曲线在各点的差：

$$\xi_i(k) = \frac{\min_i\min_k |x_0(k) - x_i(k)| + \zeta \max_i\max_k |x_0(k) - x_i(k)|}{|x_0(k) - x_i(k)| + \zeta \max_i\max_k |x_0(k) - x_i(k)|}$$

式中，$\xi_i(k)$ 是第 k 个时刻比较曲线 x_i 与参考曲线 x_0 的相对差值，这种形式的相对差值称为 x_i 与 x_0 在 k 时刻的关联系数。ζ 为分辨系数，$\zeta \in [0,1]$，引入它可以减少极值对计算结果的影响。在实际使用时，应根据序列间的关联程度选择分辨系数，一般取 $\zeta \leqslant 0.5$ 较为恰当。

如果计算关联程度的数列量纲不同，要转化为无量纲，常用的方法有初值化与均值化。初值化是指以所有数据均用第一个数据除，然后得到一个新的数列，这个新的数列即是各不同时刻的值相对于第一个时刻的值的百分比。均值化处理是用序列平均值除所有数据，即得到一个占平均值百分比的数列。

关联系数只表示各时刻数据间的关联程度，为了便于比较，计算各时刻的关联系数平均数得到：

$$r_i = \frac{1}{n} \sum_{k=1}^{n} \xi_i(k)$$

r_i 即为曲线 x_i 与参考曲线 x_0 的绝对关联度。绝对关联度是反映事物之间关联程度的一个指标，能指示具有一定样本长度的给定因素之间的关联情况，其缺点是较易受到极端值的影响。

二、我国海洋经济与海洋科技之间的灰色关联实证分析

在分析海洋经济与海洋科技之间的灰色关联度时，参考数列取实际海洋生产总值。反映海洋科技发展的指标很多，我们择取其中的海洋科研机构经费收入、海洋科技活动人员数、海洋科技课题数、专利申请数、

科技论文数、科技著作数等六个变量作为被比较数列,其中前三项为投入指标,后三项为产出指标。参考数列与各被比较数据的原始数据见表。由于 2009 年各项指标的涨幅远远高于往年,为了减少极端值对计算结果的影响,我们没有考虑 2009 年的数据。

表 4-1　海洋生产总值与海洋科技相关变量数据

	生产总值 X_0(亿元)	科研经费 X_1(千元)	科技活动人员 X_2(人)	科技课题数 X_3(项)	专利申请 X_4(件)	科技论文 X_5(篇)	科技著作 X_6(种)
2001	9518.40	—	10396	3093	—	—	—
2002	11403.04	—	10253	3232	—	—	—
2003	11881.97	—	10171	3617	—	—	—
2004	13890.02	—	10193	3820	—	—	—
2005	16154.10	—	9875	4082	392	4189	101
2006	18867.99	5289252	13941	6593	567	8492	110
2007	21547.24	7739401	14825	7617	645	9104	141
2008	23658.87	8769653	15665	8327	869	9485	154

利用初值法对各序列进行无量纲化处理,取 $\zeta=0.5$,计算各被比较数列与参考数列的绝对关联度,得到:

$r_1=0.952,r_2=0.547,r_3=0.571,r_4=0.732,r_5=0.741,r_6=0.887$

由计算结果得到,在三个海洋科技投入指标中,海洋科研机构经费收入、科技课题数、海洋科技活动人员数量三个指标与海洋生产总值的灰色关联度依次减小。这说明,海洋科技经费投入与海洋经济增长之间的关系最为密切,加大海洋科技经费对促进海洋经济增长最为有效,其次是海洋科技课题投入,最后是海洋科技活动人员投入。

在三个海洋科技成果指标中,科技专著数、科技论文数、专利申请数量三个变量与海洋生产总值的灰色关联度依次减小。当然我们由此不能直接得出增加科技专著数量对海洋经济增长的促进作用最为显著这一结论。我们可以从三种形式的海洋科技成果所蕴含的知识和技术转化为生产力所需的时间长短角度对上述结果进行解释。一般来说,专著是对发展较为成熟的海洋科技进行的系统总结和梳理,这种知识往往已经完全或者部分体现在海洋经济发展之中,因而与海洋经济发展具有较强的同步性。论文一般是对海洋科技发展中的难点问题、疑点问题进行的探索和讨论，其中蕴含着较多的争鸣成分，但哪些知识可以转化为实践并经得起实践的检验，只有经过较长时间才可以确定。相比之下，专利从申请到受理再转化为海洋生产力所需要的时间更长。正是由于转化为生产力所需的时间不同，导致三个指标与海洋生产总值之间的相关性出现差异。

三、海洋科技人才培养与海洋经济发展的相关性

人才是促进经济发展的关键因素。我国已经在博士、硕士、本专科等各个层次培养了大量的科技人才，这些科技人才与我国海洋经济发展之间的相关性如何呢？下面我们用模糊相关分析法进行分析。

利用初值法对原始数据进行无量纲化处理，取 $\zeta = 0.5$，以海洋生产总值为参考数列，计算各被比较数列与参考数列的灰色关联度，结果见表 4-2。

表 4-2　各层次人才培养数量与海洋生产总值之间的关联度

年份	博士	硕士	本专科	成人
2001	1.000	1.000	1.000	1.000
2002	0.838	0.865	0.750	0.739
2003	0.800	0.865	0.431	0.800
2004	0.708	0.740	0.508	0.898
2005	0.536	0.557	0.594	0.703
2006	0.356	0.490	0.513	0.333
2007	0.436	0.386	0.439	0.533
2008	0.333	0.333	0.333	0.356
关联度值	0.626	0.654	0.571	0.670

由表 4-2 可以看出，成人教育、硕士教育、博士教育、本专科教育的毕业生数与海洋生产总值之间的灰色关联度依次减小。我们认为，这一结果与相关层次人才的就业对口率密切相关。首先，接受成人教育的学生多为在职人员，他们中绝大多数本身就在海洋相关行业就业，因此在选择成人教育时也选择海洋相关专业。因而这些学生毕业后基本上都在

海洋行业就业,就业对口率很高。本专科学生与博士、硕士相比,其就业对口率最低。根据相关调查,本科学生的就业对口率甚至低于专科学生,而中等职业教育毕业生的就业对口率要高于本专科学生。根据《2012 中国中等职业学校学生发展与就业报告》,中职毕业生就业对口率达 73%,而全国 2009 届本科毕业生专业对口率为 67%。据有关资料,大学生专业对口率还不足 30%[1]。这就意味着,很多海洋专业毕业的本专科学生最终可能没有在海洋经济领域就业。与本专科学生相比,海洋专业的硕士生、博士生接受的专业教育更多,在本专业领域就业有更加明显的优势,同时由于长期接受海洋教育,他们投入的"沉没成本"更高,因而他们就业时专业对口的比率要高得多。或许正是出于上述原因,本专科毕业生人数与海洋生产总值的关联度更低。在我国的现实国情下,博士层次的科技人才多在研究所、高校等机构就业,而硕士毕业生选择在企业就业的概率要高得多,因而与硕士相比,海洋博士的科技成果实现产业化的周期更长,而且多是间接的,这造成海洋博士毕业生数量与海洋生产总值的关联度要低于海洋硕士。

第二节　沿海省市海洋经济发展的科技支撑力比较分析[2]

一、问题的提出

很多学者已经对我国沿海各省市的海洋科技发展水平进行了比较分析。如卫梦星(2009)构建了海洋科技综合实力评价的指标体系,但并没有结合沿海各省市实际展开实证研究。黄瑞芬(2006)运用层次分析法,对沿海省市科技竞争力进行了比较与分析。殷克东(2009)通过建立海洋科技水平评价指标体系,利用主成分分析法和灰色关联分析法分别构建了海洋科技水平的评价模型,对我国沿海地区海洋科技水平进行了

　　[1]　http://www.xzzp.net/hr-zcqx/article-13038.html。

　　[2]　本节内容已发表于《浙江万里学院学报》2013 年第 1 期。

测算和评价。周达军(2010)、崔旺来(2011)对浙江省的海洋科技投入产出进行了综合评价及比较分析。殷克东(2009)利用解释结构模型构建了我国海洋科技实力的综合评价指标体系,通过熵值法、灰色关联分析、PCA、AHP等方法分别构建了测度模型,采用Kendall和模糊聚类法对2002—2006年我国沿海地区海洋科技实力的测度结果进行了分析,并针对典型区域海洋科技发展水平变迁的动因进行了雷达预警分析。伍业锋(2006)建立了我国沿海地区海洋科技竞争力的评价理论与评价体系,并利用2003年的统计数据对沿海11个地区进行了评价。白福臣(2009)构建了沿海地区海洋科技竞争力评价指标体系,运用灰色系统理论建立了多层灰色评价模型,并对我国11个沿海省市的海洋科技竞争力进行了综合评价及比较分析。

　　上述研究对于深入认识沿海各省市的海洋科技发展水平和竞争力无疑具有重要意义,但也存在一个共性特点,即没有把海洋科技发展水平与区域海洋经济发展水平结合起来考虑,在对各省市海洋科技水平进行比较时,孤立地评价海洋科技本身的量化水平,如海洋科技投入水平、产出水平等,而没有结合海洋经济发展实际考察海洋科技对区域海洋经济的支撑力。科技与经济之间具有密切的关联性,海洋经济发展水平不同,对海洋科技的需求也会不同。显然,如果两个海洋国家或地区的海洋经济发展规模悬殊,即使其海洋科技投入和产出水平完全相同,这两个国家或地区海洋科技对海洋经济的支撑力也存在明显差异。显而易见,海洋经济发展规模较小的国家或地区,其海洋科技对海洋经济的支撑力高于海洋经济发展规模较大的国家或地区,其海洋经济的科技贡献率应该更高,海洋科技的"相对竞争力"应该越强。因此,仅仅局限于分析和评价海洋科技本身的发展水平和竞争力是不够的,还需要结合海洋经济发展对海洋科技的"需求",来客观评判一个国家或地区海洋科技对海洋经济的支撑力。

　　基于上述考虑,我们把沿海各省市海洋科技发展水平与海洋经济发展水平有机结合起来,构建评价区域海洋经济科技支撑力的科学评价指标体系,并结合各省市实际展开实证研究,研究结果可以为各省市的海洋科技发展提供理论支持。

二、海洋经济科技支撑力指标体系构建

支撑力是一个具有相对性的概念,涉及到两个客体:支撑物和被支撑物。只有充分考虑被支撑物的特性,才能客观评价支撑力的强度和水平。海洋经济发展的科技支撑力,可以理解为一定的海洋经济发展水平下,海洋科技供给的数量和质量。科技支撑力强,说明在特定的海洋经济发展水平下,海洋科技供给的数量和质量较高;科技支撑力弱,说明在特定的海洋经济发展水平下,海洋科技供给的数量和质量较低。基于上述考虑,兼及数据的可得性,建立海洋经济发展科技支撑力评价指标体系见图4-1。

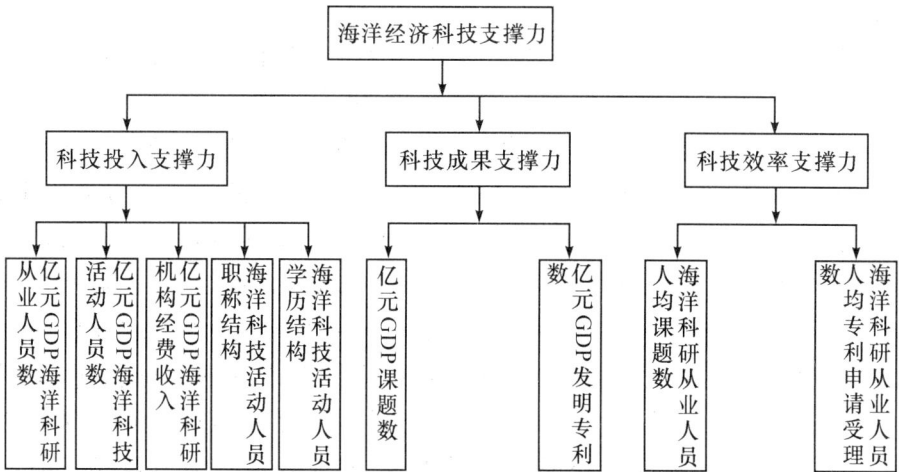

图 4-1　海洋经济科技支撑力评价指标体系

海洋经济科技支撑力指标体系由科技投入支撑力、科技成果支撑力、科技效率支撑力3个一级指标构成,其下分设5个、2个、2个二级指标。二级指标中,凡是涉及绝对数量指标的,均转化为与海洋GDP的比值,这里用海洋GDP表示区域海洋经济发展水平。比如,亿元GDP海洋科研从业人员数这一指标,表示为亿元海洋GDP服务的海洋科研从业人员数量,显然,数量越大,说明海洋经济发展的科研从业人员支撑力越强。其他相关指标可以做类同解释。

科技投入支撑力涉及的5个二级指标中,有3个是数量指标,包括亿元GDP海洋科研从业人员数、亿元GDP海洋科技活动人员数、亿元

GDP 海洋科研机构经费收入,分别衡量科技人员投入和科技经费投入;有 2 个是质量指标,分别是海洋科技活动人员职称结构、海洋科技活动人员学历结构。有些学者把科研机构数也作为科技投入因素之一。我们认为在科研人员数量一定的情况下,科研机构数量的多少只是影响科研人员的分布状态,而对人员投入水平并不会产生任何影响,因此这里没有考虑科研机构数量及规模指标。

用课题数和发明专利数 2 个二级指标衡量科技成果支撑力,其中发明专利数使用了存量指标而不是新增指标,是考虑到在海洋经济发展中,所有海洋发明专利均可以发挥支撑作用。用海洋科研人员人均课题承担数和海洋科研从业人员人均专利申请受理数 2 个二级指标衡量科技效率支撑力,这里使用的专利申请受理数是新增而不是存量指标,是因为这一指标的水平主要取决于当前的科技投入,能更好地反映海洋科技效率。海洋科研从业人员分为两类:一类是海洋科技活动人员,一类是非海洋科技活动人员(服务于海洋科技活动但基本不直接从事科技活动)。没有基于海洋科技活动人员计算人均指标,是考虑到海洋科研机构中的非科技活动人员也是海洋科技创新系统的有机组成部分,理应算作科技投入。

三、沿海省市海洋经济科技支撑力实证分析

区域海洋经济科技支撑力评价的基本思路是:首先分地区计算各二级指标值,然后转换为标准得分,以利于比较分析。转换公式是:

$$某地区某指标值得分 = 50 + 50 \times \frac{该指标值 - 该指标最小值}{该指标最大值 - 该指标最小值}$$

经过这种转换,各地区在每个指标上的得分均介于 50 与 100 之间,得分越高,相对应的指标值越大,该项目对区域海洋经济的支撑力越强。计算出标准得分之后,通过加权平均,计算各一级指标值得分,最后再次对一级指标值进行加权平均,得出区域海洋科技支撑力综合得分。

评价使用 2009 年数据,来源为《2010 中国海洋统计年鉴》。

(一)海洋科技投入支撑力

海洋科技投入支撑力分为规模支撑力和结构支撑力两个方面。

　　表4-3显示了2009年沿海各省市海洋科技投入规模支撑力得分情况。其中,亿元GDP海洋科研从业人员数、亿元GDP海洋科技活动人员数两个指标反映了人员投入规模状况,亿元GDP海洋科研机构经费收入这一指标反映了经费投入规模状况。可以看出,不论人员投入还是经费投入,天津均处于领先地位,因而科技投入规模支撑力排在第一位,而且领先优势明显,比第二名上海高出15分以上。上海虽然人员投入强度低于江苏,但其经费投入强度排名靠前,因而其科技投入规模支撑力排在了江苏之前。接下来依次是辽宁、广西、山东、河北、浙江等省市。广东虽然海洋科技投入总量靠前,但相对于其海洋经济规模来说,则处于相对落后的地位,仅排在第九位。海南、福建分列倒数第二、第一位。

表4-3　沿海省市海洋科技投入规模支撑力得分

地区	亿元GDP海洋科研从业人员数		亿元GDP海洋科技活动人员数		亿元GDP海洋科研机构经费收入		科技投入规模支撑力	
	得分	排名	得分	排名	得分	排名	得分	排名
天津	100.00	1	100.00	1	100.00	1	100.00	1
河北	65.68	7	73.76	6	50.00	11	59.86	7
辽宁	78.24	5	85.24	4	70.37	4	76.05	4
上海	79.07	4	84.99	5	87.22	2	84.63	2
江苏	94.78	2	89.68	2	65.29	5	78.76	3
浙江	55.29	8	54.57	9	62.20	6	58.56	8
福建	50.00	11	50.00	11	55.65	9	52.82	11
山东	66.18	6	67.76	7	73.09	3	70.03	6
广东	54.58	10	52.76	10	62.06	7	57.87	9
广西	89.19	3	87.82	3	59.02	8	73.76	5
海南	54.69	9	56.36	8	51.04	10	53.28	10

　　注:科技投入规模支撑力得分=亿元GDP海洋科研从业人员数得分×0.25+亿元GDP海洋科技活动人员数得分×0.25+亿元GDP海洋科研机构经费收入得分×0.5。

　　表4-4显示了2009年沿海省市海洋科技活动人员结构得分情况。职称结构和学历结构也是关于海洋GDP的相对指标,其中职称结构得分是亿元GDP高级职称科技活动人员数得分、亿元GDP中级职称科技

活动人员数得分、亿元 GDP 其他职称科技活动人员数得分的加权平均，
学历结构得分是亿元 GDP 博士学历科技活动人员数得分、亿元 GDP 硕
士学历科技活动人员数得分、亿元 GDP 其他学历科技活动人员数得分
的加权平均。可见，天津在海洋科技活动人员结构得分上也排在第一
位。其后依次是江苏、上海、辽宁、山东、广西、河北、广东、浙江等省市，
排在最后的依然是福建和海南。分析表 4-3 和表 4-4 可以发现，各省市
在海洋科技投入规模得分及海洋科技活动人员结构得分上的排名比较
接近。

表 4-4 沿海省市海洋科技活动人员结构得分

地区	职称结构					学历结构					人员结构支撑力	
	高级职称得分	中级职称得分	其他职称得分	职称结构得分	排名	博士学历得分	硕士学历得分	其他学历得分	学历结构得分	排名	得分	排名
天津	100.00	99.60	95.38	98.96	1	68.23	100.00	99.11	83.94	3	91.45	1
河北	81.29	66.09	82.22	76.91	6	58.18	66.09	80.33	64.98	8	70.95	7
辽宁	92.39	81.12	84.33	87.39	3	62.13	67.66	94.18	70.20	6	78.80	4
上海	87.02	91.22	80.28	86.93	4	100.00	83.68	80.01	91.11	1	89.02	3
江苏	91.71	78.11	99.05	89.10	2	94.99	79.39	88.99	89.11	2	89.11	2
浙江	68.26	64.84	50.00	63.58	8	61.81	56.39	58.18	59.46	9	61.52	9
福建	61.77	58.79	51.55	58.83	10	57.51	55.73	53.19	56.11	10	57.47	10
山东	76.27	69.72	69.43	72.94	7	96.24	65.60	65.38	80.87	4	76.91	5
广东	66.30	61.73	50.60	61.79	9	90.46	57.29	50.00	72.42	5	67.10	8
广西	68.51	100.00	100.00	84.25	5	55.86	64.80	100.00	67.37	7	75.81	6
海南	50.00	50.00	89.03	57.81	11	50.00	50.00	65.46	53.09	11	55.45	11

注:职称结构得分=高级职称得分×0.5+中级职称得分×0.3+其他职称得分×0.2，
学历结构得分=博士学历得分×0.5+硕士学历得分×0.3+其他学历得分×0.2，结构支撑
力得分=(职称结构得分+学历结构得分)/2。

表 4-5 通过对海洋科技投入规模支撑力得分和海洋科技活动人员结
构支撑力得分进行加权平均，得出了 2009 年沿海各省市科技投入支撑力
综合得分及排名情况。天津、上海、江苏分别位列前三，其后依次是辽
宁、广西、山东、河北、广东，而浙江、福建和海南则排在倒数三位。

表 4-5   沿海省市海洋科技投入支撑力得分

地区	规模支撑力得分	结构支撑力得分	科技投入支撑力得分	排名
天津	100.00	91.45	95.72	1
河北	59.86	70.95	65.40	7
辽宁	76.05	78.80	77.43	4
上海	84.63	89.02	86.82	2
江苏	78.76	89.11	83.93	3
浙江	58.56	61.52	60.04	9
福建	52.82	57.47	55.15	10
山东	70.03	76.91	73.47	6
广东	57.87	67.10	62.48	8
广西	73.76	75.81	74.79	5
海南	53.28	55.45	54.37	11

注:科技投入支撑力得分＝(规模支撑力得分＋结构支撑力得分)/2。

(二)海洋科技成果支撑力

科技成果支撑力由亿元 GDP 课题数和亿元 GDP 发明专利数两个二级指标构成。科技课题按照性质可以分为基础研究、应用研究、试验发展、成果应用、科技服务五个类别,课题性质不同,被赋予的权重也有所差异。沿海各省市 2009 年海洋科技成果支撑力得分及其排名见表 4-6。辽宁虽然在亿元 GDP 课题数上排名倒数,但由于亿元 GDP 发明专利数遥遥领先,因此其科技成果支撑力排在了第一位。上海在两个二级指标上排名均较为靠前,因此科技成果支撑力得分排在第二位。江苏在亿元 GDP 课题数这一指标上表现突出,科技成果支撑力得分排在第三位。其后依次是广东、山东、福建、广西、天津等省市。浙江、海南、河北三省排在倒数三位。

表 4-6　沿海省市海洋科技成果支撑力得分

地区	亿元 GDP 课题数							亿元 GDP 发明专利数		科技成果支撑力	
	基础研究	应用研究	试验发展	成果应用	科技服务	得分	排名	得分	排名	得分	排名
天津	50.00	51.50	83.88	67.51	100.00	62.21	8	53.31	5	57.76	8
河北	51.62	51.59	53.48	55.00	54.96	52.56	11	50.83	8	51.70	11
辽宁	50.00	50.07	67.04	69.30	50.00	54.50	10	100.00	1	77.25	1
上海	71.67	75.09	69.34	55.61	72.54	70.65	4	76.46	2	73.56	2
江苏	67.04	100.00	100.00	100.00	97.09	86.52	1	51.74	6	69.13	3
浙江	65.41	56.02	56.31	58.77	82.37	62.73	7	51.13	7	56.93	9
福建	82.17	60.14	62.25	59.64	71.42	70.35	5	50.12	9	60.23	6
山东	95.81	70.27	65.32	53.05	54.39	76.43	3	59.00	3	67.72	5
广东	100.00	67.35	59.80	50.00	75.62	78.37	2	57.19	4	67.78	4
广西	70.19	63.63	69.29	86.86	56.00	68.67	6	50.00	11	59.33	7
海南	50.00	50.00	50.00	98.93	50.48	54.94	9	50.54	10	52.74	10

注:亿元 GDP 课题数得分＝基础研究得分×0.4＋应用研究得分×0.25＋试验发展得分×0.15＋成果应用得分×0.1＋科技服务得分×0.1,科技成果支撑力得分＝(课题数得分＋专利数得分)/2。

(三)海洋科技效率支撑力

表 4-7　沿海省市海洋科技效率支撑力得分

地区	人均课题数							人均专利申请受理数		科技效率支撑力	
	基础研究	应用研究	试验发展	成果应用	科技服务	得分	排名	得分	排名	得分	排名
天津	50.00	50.55	81.34	52.48	73.77	57.46	8	57.94	5	57.70	8
河北	51.11	53.72	56.32	51.80	56.67	53.17	11	51.04	9	52.11	11
辽宁	50.00	50.00	72.90	57.21	50.00	54.16	10	100.00	1	77.08	3
上海	60.82	83.49	75.55	50.00	66.20	68.15	6	91.38	2	79.76	1
江苏	56.44	100.00	100.00	65.73	74.50	76.60	3	55.35	8	65.98	6
浙江	64.97	67.85	66.21	58.74	100.00	68.76	5	56.21	6	62.48	7

续表

地区	人均课题数							人均专利申请受理数		科技效率支撑力	
	基础研究	应用研究	试验发展	成果应用	科技服务	得分	排名	得分	排名	得分	排名
福建	89.60	86.89	89.86	63.75	95.14	86.93	2	55.64	7	71.29	4
山东	81.06	87.61	77.47	50.34	55.96	76.58	4	64.67	4	70.62	5
广东	100.00	98.85	75.91	50.20	91.83	90.30	1	67.53	3	78.92	2
广西	58.36	64.59	71.11	62.21	52.71	61.65	7	50.65	10	56.15	9
海南	50.00	52.27	50.00	100.00	55.41	56.11	9	50.00	11	53.06	10

注:人均课题数得分＝人均基础研究得分×0.4＋人均应用研究得分×0.25＋人均试验发展得分×0.15＋人均成果应用得分×0.1＋人均科技服务得分×0.1,科技效率支撑力得分＝(人均课题数得分＋人均专利申请数得分)/2。

科技效率支撑力由人均课题数和人均专利申请受理数两个二级指标构成,其中人均课题数得分也按照课题的不同性质进行加权平均计算得到。沿海各省市 2009 年海洋科技效率支撑力得分及排名见表 4-7。可见,各地区的人均专利申请受理数指标得分相差悬殊,辽宁、上海处于遥遥领先地位,广东虽然在排名上紧跟上海之后,但在得分上却与上海相差二十余分。正因如此,上海虽然人均课题数排在第 6 位,人均专利申请受理数也只是排在第二位,但其科技效率支撑力却仍然排在第一位。广东虽然人均课题数排在第一位,但在人均专利申请受理数上的差距使得其科技效率支撑力屈居第二位。辽宁虽然在人均课题数上排名倒数,但在专利上的突出优势使得其科技效率支撑力仍然排在第三位。其后依次是福建、山东、江苏、浙江、天津等省市。广西、海南、河北排在倒数三位。

（四）科技综合支撑力

在分别计算科技投入支撑力、科技成果支撑力、科技效率支撑力的基础上,通过加权平均,得到沿海各省市 2009 年海洋科技综合支撑力得分及排名见表 4-8。排在前 3 位的分别是上海、辽宁、江苏,其后依次是山东、天津、广东、广西、福建等省市,而浙江、河北、海南三省排在倒数 3 位。倒数第二列给出了崔旺来(2011)利用 2008 年数据对沿海各省市海洋科技竞争力排名得到的结果,最后一列则给出了其与本文评价结果的差异。可见,在考虑了海洋经济总量水平之后,很多省市的排名出现了较大变化。其中,辽宁上升了6位,广西上升了4位,上海、江苏分别上升了2位、1位。排名下降最大的是广东,下降了4位,其次分别是山东、福建、浙江、河北、海南。山东、广东等虽然是海洋科技大省,但由于其海洋经济规模较大,其海洋经济科技支撑力的优势并不明显。

表4-8　沿海省市海洋科技综合支撑力

地区	科技投入支撑力		科技成果支撑力		科技效率支撑力		科技综合支撑力		崔旺来(2011)	差异
	得分	排名	得分	排名	得分	排名	得分	排名		
天津	95.72	1	57.76	8	57.70	8	70.39	5	5	0
河北	65.40	7	51.70	11	52.11	11	56.40	10	9	−1
辽宁	77.43	4	77.25	1	77.08	3	77.25	2	8	6
上海	86.82	2	73.56	2	79.76	1	80.05	1	3	2
江苏	83.93	3	69.13	3	65.98	6	73.01	3	4	1
浙江	60.04	9	56.93	9	62.48	7	59.82	9	7	−2
福建	55.15	10	60.23	6	71.29	4	62.22	8	6	−2
山东	73.47	6	67.72	5	70.62	5	70.60	4	1	−3
广东	62.48	8	67.78	4	78.92	2	69.73	6	2	−4
广西	74.79	5	59.33	7	56.15	9	63.42	7	11	4
海南	54.37	11	52.74	10	53.06	10	53.39	11	10	−1

注:综合支撑力＝(投入支撑力＋成果支撑力＋效率支撑力)/3。

四、各省市的海洋科技强项与弱项分析

在对沿海各省市海洋经济科技支撑力得分进行计算并排名的基础上,为了清楚地呈现各省市在海洋科技支撑力各二级指标上的强项和弱项,从而为各省市海洋科技发展提供更加清晰的理论指导,我们制定如下规则以区分强项与弱项:如果某省市在某二级指标上排名前3位且得分在80分以上,则该指标为该省市的强项;如果某省市在某二级指标上排名后3位,则该指标为该省市的弱项;其余为中项。按照这一规则,

2009年沿海各省市在各海洋科技二级指标上的强项、中项、弱项见表4-9。其中,"＋"表示强项,"－"表示弱项,空白表示中项。

由表4-9看出,天津、上海、江苏、山东4个省市没有明显弱项,其中山东也没有明显强项,其余3省市的强项主要集中在科技投入上。河北、浙江、海南3省没有明显强项,河北在科技效率支撑力上弱势明显,科技成果支撑力也不强,浙江的弱势主要是科技投入不足,而海南则在9项指标中的8项上处于弱势,其海洋科技支撑力有待大力提高。辽宁海洋科技发展不均衡的特点比较突出,在科技成果支撑力、科技效率支撑力两个方面均出现两极分化,专利能力突出而课题开发的能力较弱。福建的弱项远远多于强项,其中弱项集中表现在科技投入不足这一问题上。另外,广东科技投入不足的情况也比较明显。广西则需要大力强化科技成果支撑力和科技效率支撑力。

表 4-9　沿海省市海洋科技发展的强项与弱项

地区	科技投入支撑力					科技成果支撑力		科技效率支撑力	
	①	②	③	④	⑤	⑥	⑦	⑧	⑨
天津	＋	＋	＋	＋	＋				
河北			－				－	－	－
辽宁				＋			－	＋	－	＋
上海			＋		＋				＋
江苏	＋	＋		＋	＋	＋			
浙江		－				－			
福建	－	－					－	＋	
山东									
广东	－	－						＋	
广西	＋	＋						－	－
海南									

注:各数字序号分别表示:①亿元GDP海洋科技从业人员数;②亿元GDP海洋科技活动人员数;③亿元GDP海洋科研机构经费收入;④海洋科技活动人员职称结构;⑤海洋科技活动人员学历结构;⑥亿元GDP课题数;⑦亿元GDP发明专利数;⑧海洋科研从业人员人均课题承担数;⑨海洋科研从业人员人均专利申请受理数。

因此,各省市在海洋科技发展中,宜紧密结合自身的优势与劣势,扬长补短,在保持优势的同时,要特别注重改善和提高自身的劣势项目,并努力实现中项项目向优势项目的转化,从而有效提高海洋经济发展的科技支撑力。

五、结语

在大力发展海洋经济的背景下,如何强化海洋科技对海洋经济的支撑力,提高科技对海洋经济的贡献率,成为我国沿海各省市需要特别关注的问题。虽然有些文献对各沿海省市的海洋科技发展水平进行了比较分析,但这些研究脱离了区域海洋经济发展实际,孤立地评价区域海洋科技发展水平,因而难以客观准确地评价海洋科技对区域海洋经济的支撑力。本文将海洋科技与区域海洋经济发展水平有机联系起来,建立了评价区域海洋经济科技竞争力的评价指标体系,并结合沿海各省市实际,对各省市海洋经济发展的科技支撑力进行了比较分析,并探明了各省市海洋科技发展的优势与劣势。这些研究结论可以为各省市有针对性地发展海洋科技,提高海洋经济发展的科技支撑力提供理论支持。

小　结

利用灰色关联分析法,分析了各海洋投入产出指标及各层次海洋人才培养规模与海洋生产总值之间的关联度,这种关联度的测度可以为通过有针对性地发展海洋科技从而更好地促进海洋经济发展提供理论支持。把海洋科技发展水平与海洋经济发展规模有机联系起来,通过构建测度海洋经济科技支撑力的指标体系,对我国沿海各省市的海洋经济发展科技支撑力进行了比较研究,发现有些省市虽然科技投入与产出的绝对数量较高,但与其海洋经济规模联系起来考虑时,其海洋科技发展水平并不能很好地适应海洋经济发展的要求。因此,应该充分考虑各省市海洋经济的实际发展水平,才能对各省市的海洋科技相对发展水平做出客观公正的评估。

第五章　海洋科技、产业结构与海洋劳动生产率

第一节　海洋科技与海洋产业结构①

一、问题的提出

在发展海洋经济过程中,一个重要的导向和目标是不断优化和提升海洋产业结构。技术创新被认为是推动产业结构升级的根本动力,但这在我国海洋经济发展中是否成立?技术创新对我国海洋产业结构产生了怎样的影响?这些问题的回答,对于海洋科技发展及海洋产业结构的调整具有重要的理论意义。

1912 年,经济学家熊彼特在《经济发展理论》一书中首先提出的"创新理论"就暗含着技术创新与产业结构调整之间的关系。在熊彼特看来,所谓创新就是生产要素的重新组合,包括以下五种情况:第一,采用一种新的产品;第二,采用一种新的方法;第三,开辟一种新的市场;第四,掠取或控制原材料或半成品的一种新的供应来源;第五,实现任何一种工业的新的组织。显然,这种宽泛的创新概念中自然包含了"技术创

---

① 本节内容已发表于《浙江万里学院学报》2012 年第 5 期。

新",因而,技术创新可能会通过对生产要素的重新组合而对产业结构产生影响。一方面,如果这种组合是跨产业的,即把生产要素从一个产业转移到另外一个产业,那么就对产业结构产生了直接的影响。另一方面,即使仅仅是产业内部的生产要素重组,也可以通过改变投入产出效率影响一个产业的规模,从而影响整体的产业结构。

我国很多学者从不同侧面分析了技术创新或者技术进步对产业结构的影响。李京文院士(1988)认为技术进步对产业结构的影响主要表现在三个方面:(1)技术进步将大大提高生产要素的利用效率;(2)技术进步将直接促进产业结构的合理化;(3)技术进步会带来资源的合理配置。周叔莲(2001)分析了科技创新与产业结构调整之间的互动关系,认为科技创新是产业结构调整的动力,技术进步主要是借助科技创新(技术创新是其主要内容),从供给和需求两个方面影响产业的投入产出状况以及生产要素的配置和转换效率,进而推动结构变革。张晖明(2004)也认为,技术进步对产业结构变动的影响可以从供给和需求两个方面进行分析。渠海雷(2000)分析了技术创新影响产业结构升级的机理:(1)技术—经济范式的变更,促使新的产业和产业部门形成;(2)创新技术关联的改变,决定着产业关联的变动;(3)技术创新从根本上改变着传统产业的面貌,进而使产业结构发生大变革;(4)技术创新的生命周期,决定着产业的兴衰和更迭。于云龙(2001)认为技术创新可以通过四种模式促进产业结构升级:资源重组模式、产业提升模式、产业跨越模式、产业集群化模式。周丽(2003)认为技术进步是生产力发展的巨大杠杆,必然引起产业结构的优化,其杠杆作用表现在引起需求变动、促进新兴产业产生和原有产业的技术改造、促使劳动生产率提高、改变各产业之间的相互关系和国际分工的格局等方面。

与丰富的理论分析相比,我国就技术创新影响产业结构这一问题进行的实证研究比较少见。李健(2011)对技术进步和技术效率对产业结构调整的动态效应进行了实证分析,发现我国技术进步与产业结构调整不相协调,技术效率是第一、第二产业比重变化的主要原因,技术进步和技术效率对第二产业的调整影响比较大,但对第三产业的影响力度比较小。

可见,已有的关于技术创新影响产业结构的研究多为理论分析,实证研究很少,个别的实证研究局限于针对国民经济整体的研究,对海洋经济进行的研究还没有见到。海洋经济在我国尚处于初级发展阶段,与陆域经济相比,可能存在其特殊的运行规律。因此,我们就技术创新对我国海洋产业结构的影响这一问题进行实证研究,研究结论可以为制定正确的海洋经济政策提供理论依据。

二、我国海洋产业结构与技术创新状况

(一)产业结构状况

表 5-1 显示了 2006—2009 年我国海洋三次产业结构情况。可以看出,我国海洋三次产业结构呈现出"三、二、一"的分布格局,第一产业占比明显低于其他两个产业而且处于较为稳定的状态。第三产业比重超过第二产业,但二者比重比较接近。差距最大的 2007 年,第三产业比重比第二产业比重高出 3.88 个百分点,而到 2008 年第三产业就被第二产业追平,2009 年第三产业比重又比第二产业比重高出 1.42 个百分点。因此总体来看,海洋第三产业虽然暂时领先,但这种优势并不是很稳定。

表 5-1　2006—2009 年海洋三次产业结构　　　　(单位:%)

	第一产业	第二产业	第三产业
2006	5.39	46.19	48.42
2007	5.49	45.31	49.19
2008	5.42	47.29	47.29
2009	5.76	46.41	47.83

资料来源:2007—2010 年《中国海洋统计年鉴》。

(二)技术创新状况

技术创新有多种表现形式,包括专利、论文、著作、承担课题等,但一方面论文、著作、承担课题等创新产出难以直接转化为产业技术,因而对产业结构调整的影响作用可能不明显,另一方面便利起见人们惯常用专利情况代表一个国家或地区的创新能力,因此这里我们也用专利产出情况代表我国及各沿海地区的海洋技术创新水平。2006—2009 年我国专

利申请受理数、专利授权数、拥有发明专利数等情况见表 5-2。我国海洋专利数量增长速度很快，尤其到了 2009 年，或许是国家财政加大支持力度的缘故，各类海洋专利数量都实现了接近甚至超过 2 倍的增长。

表 5-2　2006—2009 年我国海洋专利情况

	专利申请受理数	发明专利申请受理数	专利授权数	发明专利授权数	拥有发明专利总数
2006	567	434	379	226	1229
2007	645 (13.76%)	475 (9.45%)	398 (5.01%)	234 (3.54%)	1463 (19.04%)
2008	869 (34.73%)	672 (41.47%)	441 (10.80%)	301 (28.63%)	1781 (21.74%)
2009	2550 (193.44%)	2160 (221.43%)	1250 (183.45%)	926 (207.64%)	6244 (250.59%)

资料来源：根据 2007—2010 年《中国海洋统计年鉴》计算。

（三）产业结构与技术创新的省际差异

以上考察了我国整体的海洋产业结构及海洋技术创新状况。实际上，我国有 11 个沿海省市，各省市的海洋产业结构及海洋技术创新状况存在很大差异。表 5-3 显示了 2009 年我国各沿海地区的三次产业结构和专利产出状况。

表 5-3　2009 年各沿海地区产业结构、专利产出状况

	产业结构（%）			专利水平（项）				
	一产	二产	三产	专利申请受理数	发明专利受理数	专利授权数	发明专利授权数	拥有发明专利总数
天津	0.24	61.60	38.16	70	32	42	21	56
河北	4.02	54.55	41.43	2	0	2	0	6
辽宁	14.50	43.08	42.42	321	289	118	110	895
上海	0.09	39.49	60.42	498	414	213	162	873
江苏	6.24	51.65	42.12	55	34	28	5	37
浙江	7.02	45.95	47.02	31	22	17	9	30
福建	8.50	43.99	47.52	21	13	6	0	3

续表

	产业结构(%)			专利水平(项)				
	一产	二产	三产	专利申请受理数	发明专利受理数	专利授权数	发明专利授权数	拥有发明专利总数
山东	6.99	49.67	43.34	180	154	128	100	411
广东	2.77	44.61	52.62	167	129	105	51	376
广西	21.18	37.74	41.10	1	0	0	0	0
海南	24.53	21.78	53.69	0	0	2	2	2
平均	5.76	46.41	47.83	122.36	98.82	60.09	41.82	244.45
最大	24.53	61.60	60.42	498	414	213	162	895
最小	0.09	21.78	38.16	0	0	0	0	0
标准差	8.09	10.30	6.74	159.99	138.09	70.61	56.80	349.51

资料来源:2010年《中国海洋统计年鉴》。

由表5-3可以清楚地看到,我国各沿海地区的海洋产业结构和海洋技术创新能力存在很大差异。大部分指标的标准差大于其均值,说明各个体特征值波动很大。

三、技术创新影响海洋产业结构的实证分析

为了定量分析技术创新对海洋产业结构的影响,建立如下计量模型:

$$\ln(Y) = \beta_0 + \beta_1 \ln(X) + \varepsilon \qquad (5\text{-}1)$$

式中,Y为海洋产业结构,X为技术创新水平。由于有三次产业之分,因此分别以第一产业比重(Ⅰ)、第二产业比重(Ⅱ)、第三产业比重(Ⅲ)作为被解释变量。为了提高计量结果的稳健性,我们分别用(海洋就业人员)每万人专利申请受理数(X_1)、每万人发明专利申请受理数(X_2)、每万人专利授权数(X_3)、每万人发明专利授权数(X_4)、每万人拥有发明专利总数(X_5)代表技术创新水平。如此,每个被解释变量分别对应着五个解释变量,从而分别构成五个计量模型。

数据说明。我国从2005年开始发布海洋专利数据,2006年开始发布海洋产业结构数据,因此不可能用整体的时间序列数据进行计量分析,于是我们使用了各地区数据。同时我国只有11个沿海地区,如果仅用1年的数据样本规模还是太小。为了增大样本规模,我们使用2006—

2009 年四年的数据①，因此共计 44 组数据。个别年份个别地区的专利数据为零，导致相应数据无法取自然对数。在此，我们参照有些学者的做法，凡是专利数为零的做加 1 处理，如此既保证了样本规模，又不会改变数据序列的基本变动趋势。

用 Eviews6.0 对(5-1)式进行估计，为了消除异方差，采用了加权最小二乘回归(WLS)，表 5-4、表 5-5、表 5-6 分别展示了以一产比重、二产比重、三产比重作为被解释变量的计量结果。

表 5-4　一产比重作为被解释变量的回归结果

	Ⅰ(1)	Ⅰ(2)	Ⅰ(3)	Ⅰ(4)	Ⅰ(5)
常数项	−0.1016 (−0.4332)	−0.5530* (−9.5256)	−0.1486 (−0.5645)	−0.4930 (−1.3486)	0.0302 (0.2988)
$\ln(X_1)$	−0.5698* (−10.1286)				
$\ln(X_2)$		−0.6262* (−48.5695)			
$\ln(X_3)$			−0.5317* (−8.7714)		
$\ln(X_4)$				−0.5577* (−6.9700)	
$\ln(X_5)$					−0.4801* (−21.5629)
R^2	0.7095	0.9825	0.6469	0.5363	0.9172
Adj-R^2	0.7026	0.9821	0.6385	0.5253	0.9152
F	102.5900	2359.0000	76.9381	48.5809	464.9564
D. W.	1.6024	1.7863	1.5656	1.7718	1.5180

① 之所以没有使用 2005 年之前的数据，是因为 2006 年起数据发布口径发生了变化。2005 年之前发布的是海洋总产值数据，而 2006 年之后改为海洋生产总值数据。

表 5-5　二产比重作为被解释变量的回归结果

	Ⅱ(1)	Ⅱ(2)	Ⅱ(3)	Ⅱ(4)	Ⅱ(5)
常数项	3.9351* (634.8313)	3.9174* (650.4063)	3.9465* (485.3891)	3.9605* (483.4052)	3.8913* (542.1368)
$\ln(X_1)$	0.0533* (37.3344)				
$\ln(X_2)$		0.0411* (13.7227)			
$\ln(X_3)$			0.0430* (11.8045)		
$\ln(X_4)$				0.0449* (29.7552)	
$\ln(X_5)$					0.0353* (13.5334)
R^2	0.9707	0.8176	0.7684	0.9547	0.8135
Adj-R^2	0.9701	0.8133	0.7629	0.9536	0.8090
F	1393.855	188.3121	139.3470	885.3702	183.1524
D.W.	2.0907	1.8929	1.7884	2.0565	2.0545

表 5-6　三产比重作为被解释变量的回归结果

	Ⅲ(1)	Ⅲ(2)	Ⅲ(3)	Ⅲ(4)	Ⅲ(5)
常数项	3.8512* (176.4760)	3.8785* (140.8800)	3.8230* (142.3012)	3.8142* (107.8365)	3.8499* (185.5192)
$\ln(X_1)$	0.0009 (0.1597)				
$\ln(X_2)$		0.0085 (1.0854)			
$\ln(X_3)$			−0.0055 (−0.8703)		
$\ln(X_4)$				−0.0076 (−0.9311)	
$\ln(X_5)$					0.0006 (0.1049)
R^2	0.0006	0.0273	0.0177	0.0202	0.0003
Adj-R^2	−0.0232	0.0041	−0.0057	−0.0031	−0.0235
F	0.0255	1.1780	0.7573	0.8670	0.0110
D.W.	2.2928	2.1841	2.1731	2.2491	2.1081

注:括号内为 t 统计量,* 表示至少在 1% 水平上显著。

　　观察表 5-4、表 5-5、表 5-6 可以发现，一产比重、二产比重作为被解释变量时，各方程拟合效果均较好，而且各技术创新变量的系数均通过 1% 的显著性水平检验。R^2 和调整的 R^2 至少在 0.5 以上，F 统计量很大，均至少在 1% 水平上显著。在 5% 显著性水平下查 D.W. 临界值表得，$d_l =$ 1.4692，$d_u =$ 1.5619，因而 $4 - d_u =$ 2.4381。因此，各回归方程的 D.W. 值均介于 d_u 和 $4 - d_u$ 之间，各方程均不存在序列相关问题。同理可以发现，当被解释变量为三产比重时，各方程回归效果很不理想，而且各技术创新变量的回归系数统计上均不显著。

　　观察表 5-4 中各技术创新变量的回归系数发现，各系数均为负值。这说明，不论用哪个指标来测度，人均专利产出的提高均对第一产业比重产生了负面影响，即降低了第一产业增加值在海洋生产总值中的比重。人均专利产出每增加 1%，可以降低第一产业比重 0.48～0.62 个百分点。观察表 5-5 中各技术创新变量的回归系数发现，各系数均为正值。这说明，不论用哪个指标来测度，人均专利产出的提高均对第二产业比重产生了正面影响，即提高了第二产业增加值在海洋生产总值中的比重。人均专利产出每增加 1%，可以提高第二产业比重 0.03～0.05 个百分点。由表 5-6 可以得知，人均专利产出对海洋第三产业的比重没有产生影响。

　　由此我们得出结论：技术创新对海洋产业结构升级产生了一定的促进作用，即可以降低海洋第一产业的比重，提升海洋第二产业的比重，但对海洋第三产业的比重没有影响。这与李健（2011）的实证研究结论既有一定的相似性，也有不同之处。相似之处在于，均发现技术创新（进步）对第二产业结构调整产生了明显影响，对第三产业比重影响不明显；不同之处在于，我们同时发现，技术创新也显著影响了海洋第一产业的比重。但在研究思路与方法上二者根本不同。李健运用了我国 1978—2006 年的时间序列数据，测算技术进步（即技术随着时间的推移而发生的积累与改进）和技术效率对我国产业结构带来的影响，而我们则是基于各沿海地区的截面数据，研究技术创新能力差异与各沿海地区海洋产业结构差异之间的关联性，从而检验技术创新对海洋产业结构带来的影响。

四、结论

关于技术创新与产业结构之间的关系,人们已经做了很多的理论分析,但是相关的实证研究并不多见。在发展海洋经济上升为国家战略的大背景下,提升海洋产业结构成为一个重大的战略问题。因而,本文对技术创新与海洋产业结构之间的关系进行了初步探索。实证研究表明,技术创新对促进海洋产业结构升级具有一定的积极作用,可以降低海洋第一产业的比重,提高海洋第二产业的比重。虽然我国技术创新还存在许多不足之处,比如自主创新能力不强、科技成果转化率低等,但是,大力发展海洋科技,提升海洋技术创新水平,对于提升我国海洋产业结构还是有明显效果的。因此,我国及沿海各地区在发展海洋经济中要把发展海洋科技放在更加重要的战略地位,提升海洋经济发展中的科技贡献率,以技术创新推动产业结构转型升级。具体途径一是加大科技投入力度,包括经费投入及人员投入,二是通过体制、机制的完善和创新,提高海洋技术创新的投入产出效率。但同时也应该注意到,技术创新对海洋第三产业的比重并不会产生明显影响,这实际上也与第三产业本身的特性有关。第三产业行业繁多,每个行业一般规模都比较小而且布局分散,集约化程度和科技含量都不高,产品更多是无形的服务而不是有形的实体,新技术、新工艺在第三产业出现的可能性很小,从而导致技术创新对第三产业的影响不大。因此,在调整海洋产业结构的过程中,不能依靠技术创新提升海洋第三产业的比重,而应该更多依靠政策引导和机制创新来促进海洋第三产业发展。

第二节　海洋科技、产业结构与海洋劳动生产率

一、问题的提出

促进海洋经济发展,一靠增加投入,二靠提高投入产出效率。由于资源的有限性和稀缺性,提高效率往往是人们寻求的理想的经济增长方式。劳动生产率反映单位劳动的产出能力,是衡量投入产出效率的重要

指标,因此研究和分析影响海洋劳动生产率的因素从而寻求提高海洋劳动生产率的有效途径,就成为一个重要的研究课题。同时,理论与经验均显示,产业结构、技术创新可能是影响劳动生产率的重要因素。

在产业结构对生产率的影响方面,Peneder(2003)指出,由于各部门具有不同的生产率水平和生产率增长率,因此当投入要素从低生产率水平或者低生产率增长的部门向高生产率水平或高生产率增长部门转移时,就会促进由各部门组成的经济体的总体经济生产率增长。Salter(1960)对英国20世纪前期的生产率增长分析指出:产业结构变迁的能力对经济增长具有重要影响。根据各国的发展经验,随着人均收入水平的提高,产业间劳动生产率趋于缩小,当人均收入达到400~500美元(以1980年美元计)水平时,三次产业的相对生产率差别已经较小,尤其是第二产业与第三产业的生产率水平比较接近(郭克莎,2001)。但是,中国的情况与国际上的一般规律相背离,自改革开放以来,产业间劳动生产率差距还在进一步扩大(邬民乐,2009)。这种情况之下,劳动力的部门间转移无疑会影响国民经济整体劳动生产率。段志民(2011)利用环渤海经济圈1978—2009年的数据进行实证,发现虽然三次产业结构变迁对劳动生产率的影响不尽相同,但总体上产业结构变迁对劳动生产率的影响是显著的。

在技术创新对生产率的影响方面,Lucas(1988,1993)、Grossman(1991)等著名经济学家构建的理论模型均指出,技术创新对生产率增长具有重要影响。但Krugman(1994)指出,绝大部分亚洲国家和地区的经济一直以来主要是单纯依赖生产要素的投入而得以发展的,技术进步因素未能很好地贡献于经济增长。刘伟(2008)据此研究了我国产业结构变迁对经济增长的贡献,并将其与技术进步的贡献相比较,认为我国1998年之前的经济增长模式与Krugman的观点比较相似,但1998年之后我国经济增长模式已经越来越体现出其自身的可持续性。朱艳鑫(2008)运用投入产出模型,对中国17个主要部门劳动生产率的变化情况进行了计算,并与全社会的技术进步水平做了比较分析,结果表明,1990—2002年间各个部门的劳动生产率都呈现出不同幅度的提高,而且其提高幅度均大于技术进步的增长幅度;从长期来看,我国劳动生产率的提高与社会的技术进步表现出很强的相关性,技术进步推动了劳动生产率的提高。

　　在产业结构与技术创新对生产率的联合影响方面,Fagerberg(2000)利用传统的份额变化分析方法,从全世界范围内选择了一些有代表性的国家分析了制造业内部的结构变化对生产率增长的影响,指出技术创新和产业结构对生产率增长有重要影响。尤其电子行业具有较高的生产率增长,对劳动生产率具有特别大的影响。同时,很多研究揭示,我国改革开放以来生产率的大幅提高主要得益于制度创新、技术进步和产业结构转换(王小鲁,2009;王丽英,2010)。刘富华(2005)采用传统的份额变化分析方法,通过对我国工业进行内部细分和对各个地区进行细分,分析了各产业的劳动生产率增长、各地区间的劳动力转移和内部增长,得出这样的结论:技术进步在生产率增长中起重要作用;就总体来讲,结构的变化对生产率增长影响较小,但通过结构分解,各地区之间的差别十分明显。刘伟、张辉(2008)对劳动生产率的增长进行分解后发现,劳动力在一、二、三产业之间的流动对中国经济增长的作用正在减弱,而技术进步对增长的推动作用正在扩大。王振兴(2011)运用 Shift-Share 方法实证研究了技术进步和产业结构对劳动生产率增长的贡献率。研究发现,改革开放以来,技术进步与产业结构变迁共同促进了劳动生产率的增长,长期趋势显示,结构变迁逐渐让位于技术进步。研究还发现,相对于结构变迁,技术进步对劳动生产率的增长具有更加稳定的促进作用,而分产业看,技术进步对各个产业劳动生产率提高的影响又各不相同。

　　以上分析和研究的对象多局限于一个国家或地区的整体国民经济,针对海洋经济进行的针对性研究尚未曾见。海洋经济在我国的发展尚处于初级阶段,在国民经济中的比重还很小。这说明,相对于陆域经济,我国海洋经济的运行规律可能存在其特殊性,有专门对其进行研究的必要性。同时,已有研究多是在一个较长的时间跨度内研究技术变迁及产业结构演化对劳动生产率带来的动态影响及其演变趋势,而我们的研究焦点则是,我国各沿海地区的海洋劳动生产率存在什么差异?产业结构、技术创新因素对海洋劳动生产率的地区差异是否产生了影响?产生了什么样的影响?显然,这更多地体现为一种截面研究,重在探究造成海洋劳动生产率区域差异的根本原因。研究结果无疑可以为国家和各沿海地区提高海洋劳动生产率,加快海洋经济发展提供正确的导向。

二、我国海洋劳动生产率状况

整体来看,我国海洋劳动生产率呈现出水平不断提高、具有相对陆域劳动生产率的比较优势、各地区差距明显的总体特征。

(一)海洋劳动生产率逐年提升

按现价计算,2006—2010 年,我国分别实现海洋生产总值 21220.3 亿元、25073.0 亿元、29662.3 亿元、32277.6 亿元、38439 亿元,按不变价计算,分别比上年增长 16.8%、14.2%、9.8%、9.2%、12.8%[①]。同期我国涉海就业人员分别为 2960.3 万人、3151.3 万人、3218.3 万人、3270.6 万人、3350 万人,分别比上年增长 6.5%、6.5%、2.1%、1.6%、2.4%。按 2005 年不变价格计算,2006—2010 年我国涉海就业劳动生产率分别为 6.97 万元/人、7.47 万元/人、8.03 万元/人、8.63 万元/人、9.51 万元/人,呈持续上升态势,年均增长速度达到 8.1%。

(二)海洋劳动生产率高于陆域劳动生产率

与陆域劳动生产率相比,我国海洋劳动生产率相对较高。我们构建比较劳动生产率指数来对海洋劳动生产率与陆域劳动生产率进行比较,其中:

$$海洋比较劳动生产率指数 = \frac{海洋生产总值占地区生产总值比重}{涉海就业占地区就业比重}$$

该指数表示 1% 的涉海就业可以产生百分之几的涉海生产总值比重。如果该指数大于 1,表明地区海洋经济发展中用较少的就业可以创造较大的产出,海洋劳动生产率较高;如果该指数小于 1,表明地区海洋经济发展中用较多的就业创造了较少的产出,海洋劳动生产率较低;如果该指数等于 1,表明地区涉海就业与海洋产出保持相称的比例,海洋劳动生产率与陆域劳动生产率相当。表 5-6 显示了 2007—2009 年我国各

---

① 2006—2009 年生产总值及就业数据来自《中国海洋统计年鉴 2010》,2010 年为初步核算数,来自《2010 年中国海洋经济统计公报》,国家海洋局网站:http://www.soa.gov.cn/soa/hygbml/jjgb/ten/webinfo/2011/03/1299461294189991.htm。

沿海地区的比较劳动生产率指数情况①。可以看出,总体来看我国海洋劳动生产率高于陆域劳动生产率,2007—2009 年的海洋比较劳动生产率指数分别达到 1.52、1.53、1.56,明显大于 1 而且呈持续上升趋势,说明现阶段我国把劳动力资源优先配置到海洋经济发展中将产生更大的产出,从而可以提高国民经济增长速度。但分地区来看,各地海洋经济比较劳动生产率相差较大。11 个地区中有 9 个地区的海洋比较劳动生产率指数始终大于 1,其中最高的是河北,3 年海洋比较劳动生产率指数均值达到 3.23,远远领先于其他省市,其他省市如江苏、山东、上海、广西也较高,说明这些省市的海洋劳动生产率远远高于陆域劳动生产率,发展海洋经济的相对边际产出很高。海洋比较劳动生产率指数最低的是天津,2007—2009 年分别为 0.86、0.92、0.88,始终明显小于临界值 1,海南 2008 年和 2009 年的海洋比较劳动生产率指数也略小于 1,说明天津、海南的海洋劳动生产率低于其陆域劳动生产率。对于这两个省市来说,或者需要采取有效措施提高海洋劳动生产率,或者需要调整海洋经济与陆域经济的资源配置,从而达到更高的经济发展效率。

表 5-6   2007—2009 年我国沿海地区比较劳动生产率指数

地区	2007			2008			2009		
	产出比重	就业比重	相对指数	产出比重	就业比重	相对指数	产出比重	就业比重	相对指数
天津	31.7	36.8	0.86	29.7	32.3	0.92	28.7	32.6	0.88
河北	9.0	2.4	3.75	8.6	2.4	3.58	5.4	2.3	2.35
辽宁	16.0	14.1	1.13	15.4	14.3	1.08	15.0	13.9	1.08
上海	35.5	21.7	1.64	35.0	21.7	1.61	27.9	21.3	1.31
江苏	7.3	4.2	1.74	7.0	4.1	1.71	7.9	4.0	1.98
浙江	12.0	10.6	1.13	12.5	10.6	1.18	14.8	10.4	1.42
福建	24.8	19.4	1.28	24.8	19.1	1.30	26.2	18.6	1.41
山东	17.2	9.1	1.89	17.2	9.1	1.89	17.2	9.1	1.89
广东	14.6	14.3	1.02	16.3	14.1	1.16	16.9	13.9	1.22

————————

① 2006 年的涉海就业比例由于数据缺失无法计算,因此这里没有纳入。

续表

地区	2007			2008			2009		
	产出比重	就业比重	相对指数	产出比重	就业比重	相对指数	产出比重	就业比重	相对指数
广西	5.8	3.7	1.57	5.6	3.7	1.51	5.7	3.7	1.54
海南	30.3	29.1	1.04	29.4	29.9	0.98	28.6	29.0	0.99
平均	15.7	10.3	1.52	15.8	10.3	1.53	15.8	10.1	1.56

资料来源:根据相关年份《中国海洋统计年鉴》计算。

(三)各地区海洋劳动生产率差异明显

虽然海洋劳动生产率总体来看明显高于陆域劳动生产率,但分地区来看,各沿海地区海洋劳动生产率差异较大,表 5-7 显示了 2006—2009 年各沿海地区的涉海就业人均生产总值①。可以看出,各地区劳动生产率分异明显。2006—2009 年地区间海洋劳动生产率的标准差分别为 5.62 万元/人、5.68 万元/人、6.09 万元/人、5.01 万元/人,其中 2009 年标准差的缩小是由于个别地区如上海、河北劳动生产率下降造成的。海洋劳动生产率高于平均值的地区主要有天津、河北、上海、江苏、山东等省市,而辽宁、浙江、福建、广东、广西、海南的海洋劳动生产率均低于平均值。在各地区中,最令人瞩目的是上海,其海洋劳动生产率远远高于其他沿海地区,而最低的则是海南,2006—2009 年上海海洋劳动生产率分别是海南的 8.1 倍、7.4 倍、7.1 倍、5.6 倍,二者差距巨大。

表 5-7 2006—2009 年各沿海地区海洋劳动生产率 （单位:万元/人)

地区	2006	2007	2008	2009
天津	9.16	10.06	11.62	13.07
河北	13.40	14.22	15.76	10.25
辽宁	5.37	6.00	6.93	7.50
上海	22.27	22.67	24.61	21.25
江苏	7.84	10.72	11.85	14.98

① 由于没有各地区价格调整指数,本表按照各地区现价生产总值数据计算。

续表

地区	2006	2007	2008	2009
浙江	5.16	5.85	6.84	8.53
福建	4.78	5.90	6.78	7.95
山东	8.19	9.36	10.94	11.72
广东	5.80	6.00	7.55	8.50
广西	3.11	3.33	3.79	4.15
海南	2.75	3.08	3.49	3.78
平均 最大 最小 标准差	7.17 22.27 2.75 5.62	7.96 22.67 3.08 5.68	9.22 24.61 3.49 6.09	9.87 21.25 3.78 5.01

资料来源:根据相关年份《中国海洋统计年鉴》计算。

三、产业结构、技术创新对海洋劳动生产率影响的实证分析

以上可见,我国各沿海地区海洋劳动生产率存在很大差异。产业结构、技术创新是否是造成这种差异的原因?下面我们首先对地区间的产业结构、技术创新水平差异状况进行简要分析,然后就产业结构、技术创新对海洋劳动生产率的影响展开实证。

(一)地区间海洋产业结构、技术创新水平差异状况

表5-8显示了2009年我国各沿海地区的三次产业结构和技术创新水平。技术创新产出有多种表现形式,包括专利、论文、著作、承担课题等,但一方面论文、著作、承担课题等创新产出难以直接转化为产业技术,另一方面方便起见人们惯常用专利情况代表一个地区的区域创新能力,因此这里我们也用专利产出情况代表各沿海地区的海洋科技创新水平。

由表5-8可以清楚地看到,我国各沿海地区的海洋产业结构和海洋科技创新水平存在很大差异。大部分指标的标准差大于其均值,说明各个体特征值波动很大。

表 5-8　　2009 年各沿海地区产业结构、技术创新水平状况

地区	产业结构（%）			专利水平（项）				
	一产	二产	三产	专利申请受理数	发明专利受理数	专利授权数	发明专利授权数	拥有发明专利总数
天津	0.24	61.60	38.16	70	32	42	21	56
河北	4.02	54.55	41.43	2	0	2	0	6
辽宁	14.50	43.08	42.42	321	289	118	110	895
上海	0.09	39.49	60.42	498	414	213	162	873
江苏	6.24	51.65	42.12	55	34	28	5	37
浙江	7.02	45.95	47.02	31	22	17	9	30
福建	8.50	43.99	47.52	21	13	6	6	3
山东	6.99	49.67	43.34	180	154	128	100	411
广东	2.77	44.61	52.62	167	129	105	51	376
广西	21.18	37.74	41.10	1	0	0	0	0
海南	24.53	21.78	53.69	0	0	2	2	2
平均	5.76	46.41	47.83	122.36	98.82	60.09	41.82	244.45
最大	24.53	61.60	60.42	498	414	213	162	895
最小	0.09	21.78	38.16	0	0	0	0	0
标准差	8.09	10.30	6.74	159.99	138.09	70.61	56.80	349.51

资料来源：2010《中国海洋统计年鉴》

（二）产业结构、技术创新影响海洋劳动生产率的实证分析

为定量测量产业结构、技术创新对海洋劳动生产率的影响，我们构建如下计量模型：

$$\ln(Y)=C+\beta_1\ln(X_1)+\beta_2\ln(X_2)+\beta_3\ln(X_3)+\beta_4\ln(I)+\varepsilon \quad (5\text{-}2)$$

式中，Y 表示海洋劳动生产率即人均海洋生产总值，C 为常数项，X_1 表示海洋第一产业比重，X_2 表示海洋第二产业比重，X_3 表示海洋第三产业比重，I 表示技术创新水平，ε 为扰动项。显然，$\beta_i(i=1,2,3,4)$ 可以测度各相关变量对海洋劳动生产率的影响弹性。

数据说明。由于我国只有 11 个沿海地区，如果仅用 1 年的数据样本

规模太小。因此,为了增大样本规模,我们使用 2006—2009 年四年的数据[①],因此共计 44 组数据。个别年份个别地区的专利数据为零,导致相应数据无法取自然对数。在此,我们参照有些学者的做法,凡是专利数为零的做加 1 处理,如此既保证了样本规模,又不会改变数据序列的基本变动趋势。

为了提高估计的稳健性,我们分别用每万人专利申请受理数(I_1)、每万人发明专利申请受理数(I_2)、每万人专利授权数(I_3)、每万人发明专利授权数(I_4)、每万人拥有发明专利总数(I_5)代表技术创新水平,如此共构成五个回归方程。使用 Eveiws6.0 软件进行加权最小二乘回归,以消除异方差,各方程回归结果见表 5-9。

表 5-9　回归结果

	方程 1	方程 2	方程 3	方程 4	方程 5
常数项	0.6047 (0.5137)	1.0667 (1.1074)	−0.1678 (−0.2172)	0.0630 (0.0620)	0.8523 (0.8550)
$\ln(X_1)$	−0.1285* (−9.6477)	−0.1288* (−14.0426)	−0.1290* (−11.0994)	−0.1268* (−8.9213)	−0.1440* (−14.6061)
$\ln(X_2)$	1.4207* (13.8235)	1.3926* (12.6600)	1.4376* (15.6512)	1.4588* (13.6329)	1.3456* (12.5452)
$\ln(X_3)$	1.4785* (7.2908)	1.3933* (8.4217)	1.6666* (14.6124)	1.5981* (9.4821)	1.4760* (8.9789)
$\ln(I_1)$	0.0704* (6.1673)				
$\ln(I_2)$		0.0778* (11.1102)			
$\ln(I_3)$			0.0647* (17.6951)		
$\ln(I_4)$				0.0723* (7.6437)	
$\ln(I_5)$					0.0479* (17.6278)
R^2	0.9950	0.9968	0.9794	0.9776	0.9877

---

①　之所以没有使用 2005 年之前的数据,是因为 2006 年起数据发布口径发生了变化。2005 年之前发布的是海洋总产值数据,而 2006 年之后改为海洋生产总值数据。

续表

	方程 1	方程 2	方程 3	方程 4	方程 5
Adj-R^2	0.9945	0.9964	0.9773	0.9752	0.9864
F	1952.308	3016.658	463.3170	424.5607	780.8561
D. W.	1.8517	1.7041	1.6875	1.7372	1.8424

注:括号内为 t 统计量,＊表示至少在 1％水平上显著。

由表 5-9 可以看出,各方程回归结果比较理想。R^2 与调整后的 R^2 均在 97％以上,F 统计量很大。在 1％显著性水平下查 D. W. 临界值表得,$d_l = 1.1455$,$d_u = 1.5257$,因而 $4 - d_u = 2.4743$。可见,各回归方程的 D. W. 值均介于 d_u 和 $4 - d_u$ 之间,各方程均不存在序列相关问题。从回归系数来看,除常数项之外,其他各自变量的回归系数都具有较大的 t 值,均通过了 1％的显著性水平检验。

由表 5-9 可以得到如下结论:(1)产业结构、技术创新可以很好地解释地区海洋劳动生产率差异。每个方程均可以解释因变量 97％以上的变差,由于所有常数项均没有通过显著性检验,因此如此高的解释力基本上全部来自产业结构相关变量及技术创新相关变量;(2)技术创新可以显著提高海洋劳动生产率。可以看出,5 个回归方程中的技术创新变量回归系数均显著大于零。每万人专利申请受理数、每万人发明专利申请受理数、每万人专利授权数、每万人发明专利授权数、每万人拥有发明专利总数分别增长 1 个百分点,可以引致海洋劳动生产率分别增长 0.0704、0.0778、0.0647、0.0723、0.0479 个百分点。新增专利对海洋劳动生产率的促进作用高于累计专利,可能是由于早期专利已通过溢出效应等途径释放了部分能量。新增专利中发明专利对海洋劳动生产率的促进作用更大,这与一般常识相吻合;(3)产业结构对海洋劳动生产率的影响大于技术创新。可以看出,产业结构涉及的 3 个变量的回归系数绝对值均大于技术创新变量回归系数,因此可以判断产业结构的变动对海洋劳动生产率的影响要明显大于技术创新带来的影响;(4)海洋三次产业对海洋劳动生产率的影响作用各不相同。观察 5 个方程,虽然产业结构各变量的回归系数有所差异,但总体趋势保持一致:第三产业比重对海洋劳动生产率的影响最大,第二产业比重次之,第一产业的影响最小。同时,第三产业、第二产业对海洋劳动生产率的影响是正的,而第一产业对海洋劳动生产率的影响是负的。因此,如果三次产业比重分别增长1％,那么第三产业对海洋劳动生产率的提升作用最大,第二产业对海洋劳动生产率的提升作用稍小,而第一产业比重的提高则会降低海洋劳动生产率。这与第一产业劳动生产率一般较低的认识也是一致的。

四、结论

我国各沿海地区海洋劳动生产率差异很大。实证研究表明,产业结构、技术创新可以很好地解释这种差异,其中产业结构的解释力大于技术创新。第三产业比重的提高对海洋劳动生产率的促进作用最大,第二产业的促进作用稍小,而第一产业比重的提高却会降低海洋劳动生产率。技术创新可以显著提升海洋劳动生产率,但其作用力度较小,这可能与我国海洋科技的成果转化率低有关系。因而,国家及各沿海地区要提高海洋生产率,引导海洋产业结构向高级化演进和推进海洋科技创新都是有效的途径。在政策导向上,要着力提高海洋第三产业和第二产业的比重,降低海洋第一产业的比重。同时,在大力发展海洋科技、提高科技产出水平的基础上,着力提高海洋科技的成果转化率,提高海洋科技在海洋经济发展中的贡献度。

第三节　海洋科技与海洋劳动生产率：考虑产业结构的中介效应

一、问题的提出

很多研究表明,技术创新可能是影响劳动生产率的重要因素。Lucas(1988、1993)、Grossman(1991)等著名经济学家构建的理论模型均表明,技术创新对生产率增长具有重要影响。但 Krugman(1994)指出,绝大部分亚洲国家和地区的经济一直以来主要是单纯依赖生产要素的投入而得以发展的,技术进步因素未能很好地贡献于经济增长。刘伟、蔡志洲(2008)研究了我国产业结构变迁对经济增长的贡献,并将其与技术进步的贡献相比较,认为我国 1998 年之前的经济增长模式与 Krugman

的观点比较相似,但 1998 年之后我国经济增长模式已经越来越体现出其自身的可持续性。另外,顾新一(1997)分析了技术创新促进劳动生产率增长的阻碍因素,包括由于社会水平的限制,有些新产品或新工艺不能很快地被社会广泛接受;各种技术创新活动不能协调发展,使得某项创新受制于其他环节而不能充分发挥作用甚至完全不能应用;在国际传递中,易被劳动力替代的技术创新对劳动生产率的提高不能达到应有的水平;假伪型技术创新无益于劳动生产率的提高;政治因素和能源危机从外部间接地影响了技术创新对劳动生产率速度的加快作用。因此,技术创新与劳动生产率之间的关系问题,仍有进一步深入研究的必要性。

　　另有研究表明,技术创新可能会对产业结构产生影响。比如,李京文院士(1988)认为技术进步对产业结构的影响主要表现在三个方面:(1)技术进步将大大提高生产要素的利用效率。新技术、新设备、新工艺的采用会带来劳动生产率的提高,能源、原材料消耗的降低和资金周转的加快,从而导致在相同的投入水平上获得较大的产出,不仅节约投资和物资,而且由于成本和价格下降影响消费结构和产业结构的变化;(2)技术进步将直接促进产业结构的合理化。例如,用新技术、新工艺、新设备对传统产业进行设备更新和技术改造必将从根本上改变传统产业的面貌,提高它们在国民经济中的地位和在产业结构中的比重;引进和发展微电子、生物工程、新型材料、新能源等高技术,将带来新兴产业的发展;(3)技术进步会带来资源的合理配置。采用新技术、新工艺将在某些产业大大节约甚至取消某些资源的消费,同时创造出对新资源的需求,这就必然导致资源的重新配置,使一些紧缺资源集中使用到最需要的产业中去,并以功能更好、成本更低的新材料去代替老材料,产业结构将相应地发生变化。

　　同时,有些研究显示,产业结构与生产率具有很大的关联性。Peneder(2003)指出,由于各部门具有不同的生产率水平和生产率增长率,因此当投入要素从低生产率水平或者低生产率增长的部门向高生产率水平或高生产率增长部门转移时,就会促进由各部门组成的经济体的总体经济生产率增长。Salter(1960)对英国 20 世纪前期的生产率增长分析指出:产业结构变迁的能力对经济增长具有重要影响。

　　如此我们看到,技术创新可能影响生产率,同时也可能影响产业结构,而产业结构又对劳动生产率产生影响。因此,技术创新对生产率的潜在影响就可以分成两个部分:一是对生产率的直接影响,比如通过提高产业内部的资源利用效率、改进生产工艺和生产方式、提高劳动人员素质等而对生产率产生影响;二是对生产率的间接影响,即通过作用于产业结构间接影响生产率。前者称为直接效应,后者称为间接效应,具体的影响路径见图 5-1。

目前,有些文献对技术创新与生产率之间的关系进行了研究。如魏下海(2010)发现,城市化、技术创新对全要素生产率(TFP)增长均具有长期的正向影响,但技术创新对生产率没有产生短期正向影响。展进涛(2011)研究发现,不论从长期还是短期来看,技术创新与全要素生产率增长之间的关系均不显著。但很少有文献考虑产业结构的中介效应。同时,针对我国海洋经济展开的相关研究更几乎是空白。技术创新是否影响了我国的海洋劳动生产率? 如果有影响,是否通过产业结构产生了间接影响? 直接影响与间接影响的数量关系如何? 本文对此进行实证研究,并与不考虑产业结构中介效应的情况进行比较分析。一方面可以加深对我国海洋经济发展规律的认识,另一方面则可以为提高海洋劳动生产率,加快海洋经济发展提供理论支持。

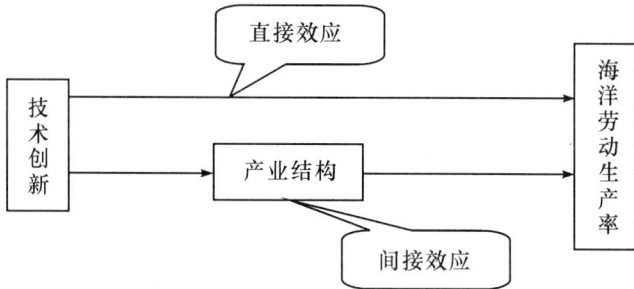

图 5-1   技术创新影响海洋劳动生产率的概念模型

二、中介效应模型

考虑自变量 X 对因变量 Y 的影响,如果 X 通过影响变量 M 来影响 Y,则称 M 为中介变量。如果剔除 M 的中介效应之后,X 对 Y 的影响不再显著,则 M 充当了"完全中介";如果剔除 M 的中介效应之后,X 对 Y 的影响仍然显著,则 M 充当了"部分中介"。假设各变量均已中心化,可用下列方程来描述变量之间的关系：

$$Y = cX + e_1 \tag{5-3}$$

$$M = aX + e_2 \tag{5-4}$$

$$Y = c'X + bM + e_3 \tag{5-5}$$

其中(5-3)式检验 Y 与 X 的相关性，(5-4)式检验 M 与 X 的相关性，(5-5)式检验 Y 与 X、M 的相关性。只有 X 与 Y 显著相关的前提下（即回归系数 c 显著），才可继续考虑 M 的中介效应。如果 M 的中介效应存在，则其大小为 $c-c'$ 或者 ab。相应的中介效应示意图见图5-2。

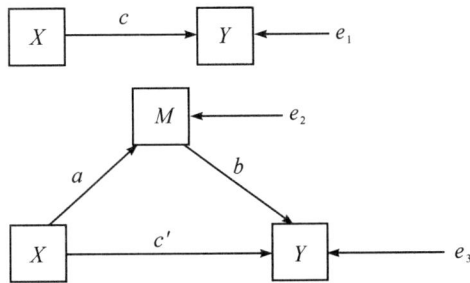

图5-2　中介效应

温忠鳞(2004)提出了检验中介效应是否存在的流程，见图5-3，这一流程可以使犯第一类错误和第二类错误的概率都较小。

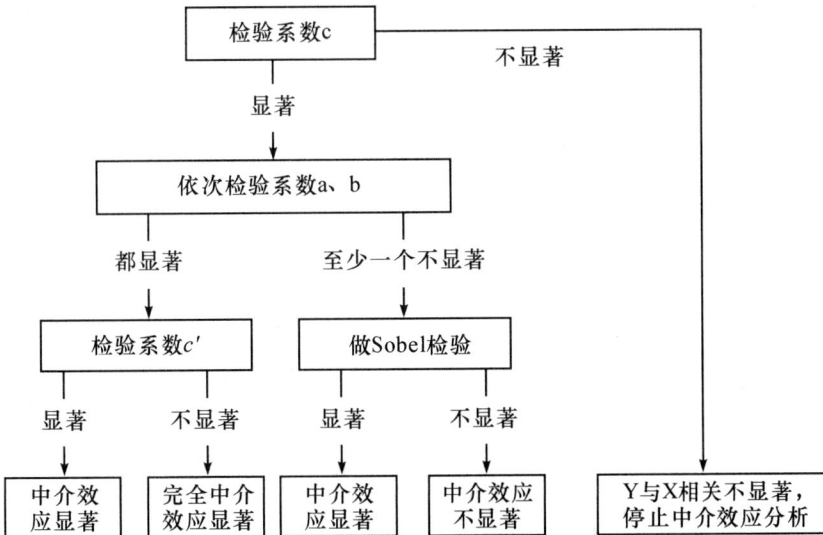

图5-3　中介效应检验程序

其中,在 Sobel 检验中,需要求取统计量 $s_{ab}=\sqrt{\hat{a}^2 s_b^2+\hat{b}^2 s_a^2}$,该统计量是 Sobel(1982)根据一阶 Yaylor 展式得到的近似公式,其中$\hat{a}$、$\hat{b}$分别为系数 a、b 的拟合值,s_a、s_b 分别为$\hat{a}$、$\hat{b}$的标准误。进而求得统计量 $z=\hat{a}\hat{b}/s_{ab}$,$z\sim N(0,1)$。将计算得到的 z 值与标准正态分布的相关临界值进行比较,如果 z 值大于相关临界值,则中介效应显著;如果小于相关临界值,则中介效应不显著。

三、实证研究

(一)数据说明

在我们的中介效应检验中,涉及三个类别的变量:技术创新变量、产业结构变量及劳动生产率变量。技术创新可以用创新产出来表示,而海洋技术创新产出有多种表现形式,包括专利、论文、著作、承担课题等。考虑到论文、著作、承担课题等创新产出难以直接转化为产业技术,对于海洋劳动生产率的影响更具不确定性,同时人们惯常用专利产出水平代表创新能力,因此这里我们也用专利产出情况代表海洋技术创新水平,具体分别用涉海从业人员每万人专利申请受理数和每万人专利授权数表示(X)。产业结构变量分别用一产、二产、三产增加值占海洋生产总值的比重表示(M)。海洋劳动生产率为海洋生产总值与海洋从业人员的比值(Y)。

数据说明。我国从 2005 年开始公布海洋专利数据,2006 年开始公布海洋生产总值数据,因此无法用国家层面的时间序列数据进行实证分析,我们采用了地区数据。同时,由于我国只有 11 个沿海地区,如果仅用 1 年的数据样本规模还是太小。因此,为了增大样本规模,我们使用我国沿海地区 2006—2009 年 4 年的数据,因此共计 44 组数据。为了减少相关变量的波动性,所有变量均取自然对数。个别年份个别地区的专利数据为零,导致相应数据无法取对数。在此,我们参照有些学者的做法,凡是专利数为零的做加 1 处理,如此既保证了样本规模,又不会改变数据序列的基本变动趋势。最后,所有变量均进行中心化处理。

（二）实证分析

为了提高检验结果的稳健性和可靠性，我们分别用每万人专利申请受理数和每万人专利授权数代表技术创新水平，使得检验结果能够相互验证和对照。下面分别进行相关检验。

1. 每万人专利申请受理数对海洋劳动生产率的影响效应

根据图 5-2 给出的检验流程，我们首先检验每万人专利申请受理数通过三次产业结构对海洋劳动生产率产生的直接影响和间接影响。表 5-10—表 5-12 分别显示了一产比重、二产比重、三产比重分别作为中介变量时的检验过程和结果。

第一步，以海洋劳动生产率作为被解释变量，每万人专利申请受理数作为解释变量进行回归，发现其相关系数至少在 1% 的水平上显著（相关系数 c 显著），因而可以进行进一步检验；第二步，检验系数 a 的显著性。分别以三次产业结构比重作为被解释变量，每万人专利申请受理数作为解释变量进行回归，发现当第一产业比重、第二产业比重分别作为被解释变量时，系数至少在 1% 的水平上显著，但当第三产业比重作为被解释变量时，系数不再显著；第三步，检验系数 b 及 c' 的显著性。以海洋劳动生产率作为被解释变量，每万人专利申请受理数、三次产业结构分别作为解释变量进行回归，发现当第一产业比重、第二产业比重分别作为解释变量时，系数 b 和系数 c' 均至少在 1% 水平上显著。这说明，第一产业比重、第二产业比重均是每万人专利申请受理数作用于海洋劳动生产率的中介变量，而且起到的是部分中介作用；第四步，进行 Sobel 检验。由于检验第三产业比重的中介效应时，至少系数 a 是不显著的，因此需要进一步进行 Sobel 检验。根据回归得到的数据，$\hat{a}=0.0043, s_a=0.0134$，$\hat{b}=0.0933, s_b=0.0305, z=0.3191, P>0.05$，由此判断第三产业比重的中介效应不显著。

表 5-10　第一产业比重在每万人专利申请受理数与海洋劳动生产率关系中的中介效应

变量	第一步	第二步	第三步
每万人专利申请受理数	0.2303* (47.4753)	−0.6488* (−187.1856)	0.0859* (14.6257)
第一产业比重			−0.2150* (−25.9188)

中介效应＝0.1395　中介效应/总效应＝0.6057

表 5-11　第二产业比重在每万人专利申请受理数与海洋劳动生产率关系中的中介效应

变量	第一步	第二步	第三步
每万人专利申请受理数	0.2303* (47.4753)	0.0528* (82.6653)	0.1739* (34.2436)
第二产业比重			0.8712* (21.9684)

中介效应＝0.0460　中介效应/总效应＝0.1997

表 5-12　第三产业比重在每万人专利申请受理数与海洋劳动生产率关系中的中介效应

变量	第一步	第二步	第三步
每万人专利申请受理数	0.2303* (47.4753)	0.0043 (0.3239)	0.2282* (71.2735)
第三产业比重			−0.0933* (−3.0622)

　　既然第一产业比重、第二产业比重的中介效应显著,分别计算其中介效应及其与总效应的比值($\hat{a}\hat{b}/\hat{c}$),发现第一产业比重解释了总效应的60.57％,第二产业比重解释了总效应的19.97％,二者合计解释了总效应的80.54％,这说明,每万人专利申请受理数对海洋劳动生产率的影响,至少80％是通过产业结构的中介效应实现的。

　　2. 每万人专利授权数对海洋劳动生产率的影响

　　表 5-13 至表 5-15 显示了每万人专利授权数通过三次产业结构的中介效应影响海洋劳动生产率的检验过程,具体过程与表 5-10 至表 5-12 类似,不再赘述。根据表 5-15,还需要对第三产业比重的中介效应进行 Sobel 检验。由于 $\hat{a}=0.0003, s_a=0.0136, \hat{b}=0.0372, s_b=0.0594$,计算得到 $z=0.0220, P>0.05$,因此第三产业比重的中介效应不显著。比较表 5-13—表 5-15 及表 5-10—表 5-12 的相关结果可以发现,相关检验结论基

本一致,即第一产业比重、第二产业比重的部分中介效应很显著,而第三产业比重的中介效应不显著。进一步计算第一产业比重、第二产业比重中介效应占总效应的比重,发现第一产业比重的中介效应可以解释总效应的 68.46%,第二产业比重的中介效应可以解释总效应的 24.91%,二者合计可以解释总效应的 93.37%。这说明,每万人专利授权数对海洋劳动生产率的影响效应中,90%以上是通过产业结构的中介效应进行传导的。

表 5-13 第一产业比重在每万人专利授权数与海洋劳动生产率关系中的中介效应

变量	第一步	第二步	第三步
每万人专利申请授权数	0.2127* (28.4443)	−0.6515* (−14.4419)	0.0710* (16.5601)
第一产业比重			−0.2235* (−21.2245)
中介效应=0.1456 中介效应/总效应=0.6846			

表 5-14 第二产业比重在每万人专利授权数与海洋劳动生产率关系中的中介效应

变量	第一步	第二步	第三步
每万人专利申请授权数	0.2127* (28.4443)	0.0524* (20.7823)	0.1615* (26.7311)
第二产业比重			1.0111* (24.7211)
中介效应=0.0530 中介效应/总效应=0.2491			

表 5-15 第三产业比重在每万人专利授权数与海洋劳动生产率关系中的中介效应

变量	第一步	第二步	第三步
每万人专利申请授权数	0.2127* (28.4443)	0.0003 (0.0211)	0.2121* (15.9192)
第三产业比重			0.0372 (0.6264)

需要指出的是,在检验第一产业比重的中介效应时,我们发现 $\hat{a}$、$\hat{b}$ 均为负值。$\hat{a}$ 为负值说明当技术创新水平提高时,第一产业比重会降低;$\hat{b}$ 为负值说明当第一产业比重降低时,海洋劳动生产率会提高。因而技术创新通过第一产业比重的中介效应影响海洋劳动生产率的路径是:技术

创新水平提高→第一产业比重降低→海洋劳动生产率提高。在检验第二产业比重的中介效应时,我们发现$\hat{a}$、$\hat{b}$均为正值。$\hat{a}$为正值说明当技术创新水平提高时,第二产业比重会提高;$\hat{b}$为正值说明当第二产业比重提高时,海洋劳动生产率会提高。因而技术创新通过第二产业比重的中介效应影响海洋劳动生产率的路径是:技术创新水平提高→第二产业比重提高→海洋劳动生产率提高。

(三)不考虑中介效应时技术创新、产业结构对海洋劳动生产率的影响

考虑产业结构的中介效应与不考虑这一中介效应,技术创新对海洋劳动生产率的影响有何不同? 为了回答这一问题,我们建立如下考察技术创新、产业结构对海洋劳动生产率联合影响的模型:

$$\ln(Y) = C + \beta_1 \ln(X_1) + \beta_2 \ln(X_2) + \beta_3 \ln(X_3) + \beta_4 \ln(I) + \varepsilon \quad (5\text{-}6)$$

其中,Y表示海洋劳动生产率,X_1、X_2、X_3分别代表海洋第一产业、第二产业、第三产业比重,I代表技术创新水平。与前文保持一致,I分别用每万人专利申请受理数、每万人专利授权数表示。利用2006—2009年沿海11省市相关数据进行加权最小二乘回归,相应的回归结果分别见(5-7)式和(5-8)式:

$$\ln(Y) = 0.6047 - 0.1285\ln(X_1) + 1.4207\ln(X_2) + 1.4785\ln(X_3) + 0.0704\ln(I_1)$$
$$\quad (0.514) \quad (-9.648) \quad (13.824) \quad (7.291) \quad (6.167) \quad (5\text{-}7)$$
$$R^2 = 0.9950 \quad \text{Adj-}R^2 = 0.9945 \quad F = 1952.308 \quad \text{D. W.} = 1.8517$$

$$\ln(Y) = -0.1678 - 0.1290\ln(X_1) + 1.4376\ln(X_2) + 1.6666\ln(X_3) + 0.0647\ln(I_2)$$
$$\quad (-0.217)(-11.099) \quad (15.651) \quad (14.612) \quad (17.695)(5\text{-}8)$$
$$R^2 = 0.9794 \quad \text{Adj-}R^2 = 0.9773 \quad F = 463.3170 \quad \text{D. W.} = 1.6875$$

其中,括号内为t统计量。可见,从各回归统计量来看,两个方程的回归结果均较理想。分析(5-7)式和(5-8)式,可以得出如下结论:一是产业结构、技术创新可以很好地解释海洋劳动生产率的变化。两个方程均解释了海洋劳动生产率至少97%以上的变差,而常数项的t统计量很小,没有通过显著性检验,说明其他因素对海洋劳动生产率带来的影响很小,几乎可以忽略不计。同时三次产业结构及技术创新变量的t统计量均通过了至少1%的显著性水平检验。因此,对海洋劳动生产率变差

的高解释能力主要就来自产业结构和技术创新;二是三次产业结构对海洋劳动生产率的影响有所不同。可以看出,海洋第一产业比重的系数为负,说明海洋第一产业比重的提高会降低海洋劳动生产率。海洋第二产业、第三产业比重的系数均为正,说明第二产业、第三产业比重的提高均可以提升海洋劳动生产率,但二者对海洋劳动生产率的影响力度稍有差异。两个方程均表明,海洋第三产业对海洋劳动生产率的影响要大于海洋第二产业。也就是说,与第二产业相比,提高海洋第三产业的比重,对海洋劳动生产率的提升作用要更明显;三是技术创新对海洋劳动生产率具有促进作用,但与产业结构相比,作用力度较小。技术创新变量的系数为正,说明技术创新对海洋劳动生产率产生了促进作用,但其系数较小,小于所有产业结构相关变量系数的绝对值。这说明与产业结构相比,技术创新对海洋劳动生产率的影响力度较小。

由此可以看出,不考虑产业结构的中介效应会低估技术创新对海洋劳动生产率的影响。虽然产业结构对海洋劳动生产率产生了很大影响,但引起海洋产业结构变动的力量部分来自技术创新。如此,由技术创新引起的产业结构变动对海洋劳动生产率的影响,其贡献也应该归于技术创新,这样考虑时,技术创新对海洋劳动生产率的促进作用就会明显增大,也只有这样,才能客观准确地评价技术创新对海洋劳动生产率带来的真正影响。

四、结论

以产业结构为中介变量,检验了技术创新对海洋劳动生产率的影响,发现技术创新对海洋劳动生产率产生了显著的促进作用,而这种促进作用大部分是通过产业结构的中介效应间接产生的,即技术创新导致了产业结构的调整和变动,而产业结构的调整和变动又进一步对海洋劳动生产率产生了影响。具体作用路径是:技术创新会降低海洋第一产业比重,提高海洋第二产业比重,这两种效应均对海洋劳动生产率产生了正面影响。当不考虑产业结构的中介效应时,技术创新对海洋劳动生产率的促进作用会被低估。研究结论的政策含义是:在发展海洋经济中要大力发展海洋科技,把技术创新放在更加重要的战略地位。要通过加大投入、提高投入产出效率等途径不断提升海洋技术创新水平,这不仅有利于优化和提升海洋产业结构,降低海洋第一产业的比重,提高海洋第二产业的比重,而且可以显著提高海洋劳动生产率,提高海洋资源利用效率,实现海洋经济的高质量、可持续发展。

小　结

利用规范的计量分析方法,研究了技术创新对海洋产业结构、海洋劳动生产率的影响。在技术创新对海洋产业结构的影响方面,发现技术创新有利于提升海洋第二产业的比重,降低第一产业的比重,但对海洋第三产业比重没有显著的影响。实证研究发现,技术创新、产业结构两个变量可以很好地解释区域海洋劳动生产率的差异,其中海洋第一产业比重对区域劳动生产率具有负面影响,海洋第二、第三产业比重均对区域劳动生产率具有正面影响,而且第三产业比重的影响程度大于第二产业比重的影响程度,而技术创新则可以显著促进区域劳动生产率的提高。进一步以海洋产业结构为中介变量,研究了技术创新对海洋劳动生产率的影响,发现技术创新对区域劳动生产率的促进作用很大程度上是通过对海洋产业结构的影响作用进行传导的,即技术创新提升了海洋产业结构进而促进了区域劳动生产率的提高。

第六章　海洋科技创新效率影响因素实证研究

第一节　科研机构规模与效率[①]

发展海洋科技问题已经受到很多学者关注,当前关于海洋科技的研究集中于以下几个方面:一是发展海洋科技的作用,如毕晓琳(2010)、殷克东(2009);二是海洋科技的发展战略与原则,如潘树红(2006)、乔俊果(2010);三是海洋科技水平与竞争力的评价,比如伍业锋(2006)、白福臣(2009)等。但现有研究几乎都没有涉及到海洋科技创新能力与效率的影响因素问题。鉴于规模与效率之间的关系已经得到广泛关注并在很多领域得到了实证研究,而在我国海洋科技领域的相关研究尚是空白,因此,本文就科研机构规模与海洋创新产出效率之间的关系展开研究。

一、组织规模与效率

规模经济(Economics of Scales)是研究经济组织的规模与经济效益关系的一个基本概念,是指由于经济组织的规模扩大,导致平均成本降低、经济效益提高的状况。这种成本的降低,主要来源于固定成本的分

[①]　本节内容已发表于《科学管理研究》2011 年第 6 期。

摊,即如果固定成本不变或者变动较小,则随着产出规模的提高,单位产出所承担的固定成本下降。但同时,也可能存在规模不经济的现象,即随着组织规模的扩大,对组织的管理难度增加,各种纵向和横向的沟通成本提高,从而导致单位产出承担的成本提高。也正是因为这两种相互矛盾的分析视角,导致企业规模与效率之间的两难冲突成为一个古老的经济学谜团,因此成为一个经验问题(2005)。于是,针对具体领域进行经验研究,成为解决这一问题的一个重要选择,其中很多研究得出小企业更有效率的结论,如 Berndt、Friedlaender 和 Chiang(1990)、Zenger 和 Lazzarini(2004)等。Timmos & Spinelli(2005)发现,小型创业公司的研发工作比大型公司更有成果:小型公司每花 1 美元在研究和开发上,可以产生 2 倍于巨型公司的革新项目;每个研发科研人员可以实现 2 倍于巨型公司的革新项目;与那些员工超过 10000 人的超级公司相比,小型公司创造的革新项目是它们的 24 倍。由以上分析可以得出结论,现有理论在解释规模与效率之间的关系时存在矛盾,因而人们倾向于通过实证研究确定具体行业或者领域组织规模与效率之间的关系,而目前更多的实证研究倾向于支持小规模机构效率更高的观点。

海洋经济在我国尚处于初级发展阶段,可能存在某些特殊的运行规律。同时,当前的经验研究多针对一些传统领域展开,比如钢铁、电信、金融等领域,针对科研机构规模效率进行的经验研究还很少见。科研机构作为进行知识生产的特殊组织,其运行规律可能有别于传统组织。本文对我国海洋科研机构规模与产出效率之间的关系进行实证研究。

二、指标设定

本研究涉及两个方面的指标:海洋科研机构规模和海洋科研机构效率。考虑到统计数据的可得性及保留统计指标的直观意义两个方面因素,我们用从业人员数量表示海洋科研机构规模(X)。科研机构的创新产出表现为多种形式,包括专利、论文、承担课题等,我们分别用海洋科研机构科技人员人均专利申请受理数(Y_1)、人均发明专利申请受理数(Y_2)、人均发表论文数(Y_3)、人均承担课题数(Y_4)4 个指标代表海洋科研机构的产出效率。本研究涉及的相关变量及其计算方法如表 6-1。

表6-1 相关变量及计算方法

变量类型	变量名称	计算方法
规模变量	海洋科研机构平均从业人员数(X)	海洋科研机构从业人员数/海洋科研机构数
效率变量	科技活动人员人均专利申请受理数(Y_1)	海洋科研机构专利申请受理数/海洋科研机构科技活动人员数
	科技活动人员人均发明专利申请受理数(Y_2)	海洋科研机构发明专利申请受理数/海洋科研机构科技活动人员数
	科技活动人员人均发表论文数(Y_3)	海洋科研机构发表论文数/海洋科研机构科技活动人员数
	科技活动人员人均承担课题数(Y_4)	海洋科研机构承担课题数/海洋科研机构科技活动人员数

三、实证研究

我国从 1996 年开始较为系统地发布海洋统计数据,但直到 2005 年才有较为详细的海洋科技统计数据,为了增大样本规模,我们使用沿海分地区的统计数据进行实证检验。我国共有 11 个沿海地区,另外北京也有海洋科研机构,因此每年共计 12 个样本地区。为了进一步增大样本规模,我们把时间拓展到 2005—2009 年,共计 60 个样本数据。虽然使用的数据具有时间和空间两个维度,但因为时间很短,直接作为混合数据(pool data)处理。

（一）数据的描述性统计

为了对数据特征有一个直观的认识,我们首先对数据进行描述性统计,见表6-2。

表6-2 变量的描述性统计

	X	Y_1	Y_2	Y_3	Y_4
均值	130.05	0.035	0.026	0.493	0.433
标准差	89.10	0.041	0.035	0.294	0.252
最大值	484.60	0.20	0.18	1.51	1.09
最小值	26.00	0.00	0.00	0.09	0.10

由表6-2可以看到,各样本特征值差别很大。从海洋科研机构的平均规模看,最高的达到 484.6 人,最低仅为 26 人,前者是后者的 18.6

倍。从专利产出效率来看,海洋科技人员人均专利申请受理数最高达到
0.20 项/人,人均发明专利申请受理数最高达到 0.18 项/人,平均 5 个人
左右就可以申请一项专利,而有些地区的专利产出则为空白。从科技人
员人均论文数量来看,最高达到 1.51 篇/人,最低仅为 0.09 篇/人,前者
是后者的 16.8 倍。从科技人员承担课题数量来看,最高达到 1.09 项/
人,最低仅为 0.10 项/人,前者接近后者的 11 倍。另外,从各变量标准差
来看,样本间差异也很大。

为了更加清楚地反映变量的地区差异,我们分地区计算了 2005—
2009 年各变量的平均值,见表 6-3。

表 6-3   2005—2009 年各地区相关变量均值

变量	北京	天津	河北	辽宁	上海	江苏	浙江	福建	山东	广东	广西	海南
X	322.5	218.6	90.3	79.5	197.9	184.5	66.7	70.0	157.5	94.5	31.7	46.9
Y_1	0.082	0.033	0.001	0.044	0.076	0.016	0.028	0.016	0.065	0.055	0.001	0.004
Y_2	0.074	0.013	0.000	0.038	0.059	0.010	0.015	0.012	0.048	0.041	0.000	0.004
Y_3	0.852	0.214	1.035	0.229	0.315	0.666	0.387	0.469	0.563	0.632	0.229	0.325
Y_4	0.582	0.223	0.174	0.123	0.356	0.968	0.426	0.662	0.405	0.615	0.288	0.371

可以看出,各地海洋科研机构规模和创新产出效率存在很大差异。
从平均规模来看,北京、天津、上海、江苏、山东等省市领先,广西、海南、
浙江、福建等省市规模偏小。从人均创新产出来看,北京、上海、广东、山
东等省市领先,而广西、海南、河北等省市较为落后。由此可见,我国各
地区海洋科技人均产出相差很大,这是造成各地区海洋科技创新能力差
别巨大的重要因素。

(二)实证检验

我们分别用相关分析和回归分析检验科研机构规模与海洋创新效
率之间的关系。

1. 相关分析

首先用 Person 相关系数检验海洋科研机构规模与产出效率之间的
关系。为减小规模变量的波动性,对其取自然对数。使用 SPSS18.0 计
算相关系数,结果见表 6-4。

表 6-4　规模与各产出指标间的 Person 相关系数

变量	Y_1	Y_2	Y_3	Y_4
相关系数	0.546*** (0.000)	0.501*** (0.000)	0.268** (0.038)	0.204 (0.118)

注：*** 表示至少在 1% 水平上显著，** 表示至少在 5% 水平上显著，括号内为 P 值。

由表 6-4 可以看出，海洋科研机构规模与各人均产出指标之间的相关系数均为正数。其中，海洋科研机构规模与人均专利产出之间的相关系数最为显著，其中与人均专利申请受理数的相关系数为 0.546，与人均发明专利申请受理数的相关系数为 0.501，二者至少在 1% 水平上显著。海洋科研机构规模与人均论文产出的相关系数为 0.268，至少在 5% 水平上显著，与人均承担课题数的相关系数虽然没有通过显著性检验，但仍然为正数，而且其 P 值接近 10%。综合四个相关系数提供的信息可以初步得出结论：海洋科研机构规模与海洋创新产出效率正相关，即规模越大，效率越高。

2. 回归分析

通过相关分析对变量间的关联进行了初步探究，但相关分析仅局限于相关变量间的数量变化关系，没有考虑其他因素带来的影响。显然，除了规模之外，影响科研机构产出效率的因素还有很多。因此，我们进一步进行回归分析，考察在控制了其他因素之后科研机构规模对创新产出效率的影响。建立如下计量模型[①]：

$$Y = \beta_0 + \beta_1 LN(X) + \varepsilon \tag{6-1}$$

其中，Y 为产出效率，X 为海洋科研机构规模，ε 为误差项。考虑到使用了截面数据，因此进行加权最小二乘回归（WLS），以消除异方差。分别以 Y_1、Y_2、Y_3、Y_4 为被解释变量进行回归，所用软件为 Eviews6.0，结果见表 6-5。

---

① 之所以没有对因变量取对数，是因为有些地区的专利数据为零，无法取对数。

表 6-5　回归结果

	Y_1	Y_2	Y_3	Y_4
常数项	-0.1016^{***} (-20.9023)	-0.0864^{***} (-35.9413)	0.0076 (0.1649)	0.2342^{***} (4.5636)
$\ln(X)$	0.0294^{***} (26.3432)	0.0242^{***} (42.0223)	0.1049^{***} (12.7554)	0.0388^{***} (3.0654)
R^2	0.9229	0.9682	0.7372	0.1394
Adj-R^2	0.9215	0.9677	0.7327	0.1246
F	693.9640	1765.872	162.7013	9.3967
D. W.	2.0969	1.5868	2.4550	1.6204

注：***表示至少在 1% 水平上显著，括号内为 t 统计量。

由表 6-5 看出，各方程拟合效果较好，F 统计量很大，均至少在 1% 水平上显著。查 1% 显著性水平下的 D. W. 临界值得，$d_l = 1.3829$，$d_u = 1.4487$，因此 $4 - d_u = 2.5513$，各回归方程的 D. W. 统计量均介于 d_u 和 $4 - d_u$ 之间，不存在序列相关问题。同时，4 个方程中 LN(X) 的系数均为正值，而且均通过至少 1% 的显著性水平检验。这说明，在控制了其他因素的影响之后，海洋科研机构规模与创新产出效率之间呈现出显著的正相关性。

综合相关分析与回归分析的结果，我们可以得出结论，科研机构规模与海洋创新产出效率之间显著正相关，海洋科研机构规模的扩大有利于提高创新产出效率。这与很多已有实证研究得出的组织规模与效率负相关的结论明显不同。

3. 对研究结果的解释

很多实证研究得出的结论是组织规模越小，其效率越高，但我们却得出了相反的结论，即海洋科研机构规模越大，产出效率越高。为什么会出现这一矛盾现象呢？我们认为，这与我们研究对象的特殊性质有关。

科研机构与一般的生产性企业不同，它产出的是专利、论文、课题等无形产品，又与普通的服务企业不同，它的产品具有高度的创新性。因此，科研机构的产出就是"创新"。"创新"作为一种产品，有其特殊的生产规律，从而可能引致规模与效率之间的正相关性。

首先,创新需要氛围。与基于订单的有形产品与无形产品生产相比,创新的生产具有更大的弹性。一个良性的、浓厚的创新氛围,对于激发科技人员的创新意识,提高科技人员的创新积极性和创新产出水平具有重要作用。显然,科研机构规模越大,高水平创新人才的数量会越多,从而产生一种强烈的"鲶鱼效应",创造一种浓郁的创新氛围,因而可以激发其他科技人员的创新积极性。同时,创新也特别强调团队建设,这些高水平创新人才就可以作为团队核心,把相关科技人员组织起来共同创新,进一步优化创新氛围。

其次,创新需要广泛、持续的交流。与他人的交流一方面可以激发源源不断的创新源头,另一方面可以高效地解决创新过程中遇到的困惑和难题,使得创新动力和积极性得以维持,创新得以持续下去。显然,在这个方面,大规模的科研机构也具有明显优势。当代学科分支越来越细化,科技人员各有研究特长和研究重点。在一个小规模的科研机构中,当科研人员遇到难题,可能难以找到同行专家及时解决。而在大规模的科研机构中,出现这种问题的概率就会大大减小。

再次,当代创新强调多学科的交叉性。学科交叉作为现代科学与技术创新的关键途径,已经受到国内外科技管理领域的广泛关注。世界很多国家的政府和科技创新管理部门,制定各种策略和管理方针,以期推进学科交叉的创新速度和创新水平。我国政府对此也十分重视,通过各种措施推进跨领域的科技合作,并通过设立重大、重点课题的研究项目,推进跨领域科技创新(朱蔚彤,2006)。显然,一般情况下,科研机构规模越大,其学科设置面就越广,因而通过组织跨学科团队进行重大创新的可能性就越大,而这种跨学科创新就成为产生专利、论文、课题等创新产出的"温床"。

综合以上分析,我们认为,我国海洋科研机构规模与海洋创新产出效率之间的正相关性有其客观必然性,实证研究结果是稳健的、可靠的。

四、结论与建议

发展海洋经济已经上升为我国的国家战略,发展海洋科技,不断提升海洋经济发展中的科技贡献率,势必成为推进海洋经济发展的重要支撑因素。本文对海洋科研机构规模与海洋科技创新产出效率之间的关系进行了实证分析,发现海洋科研机构规模越大,海洋科技创新效率越高。根据这一研究结论,要提高我国及各沿海地区的海洋科技创新效率,提升海洋科技创新能力,一个有效的途径是扩大海洋科研机构规模。要改变海洋科研机构规模偏小、布局分散的局面,通过有效途径扩大海洋科研机构规模,比如可以对现有的科研机构加大投入,增加人员聘用和经费投入,或者引导现有的海洋科研机构合并、重组,实现海洋科技资源的优化配置。

第二节　海洋科研机构人员构成与海洋科技创新效率[①]

一、问题的提出

21 世纪,人类进入了开发利用海洋的新时代。国际间以开发和占有海洋资源为核心的海洋维权斗争愈演愈烈,而与之相伴的海洋科技实力的较量也日益凸显。大量事实表明,海洋科技已进入全球科技竞争的前沿,并成为国家间综合实力较量的焦点之一,这使得我国海洋科技事业发展面临着巨大的压力和严峻的挑战。

我国对发展海洋科技事业非常重视。1956 年,我国制定了第一个海洋科学远景规划。2006 年召开的全国科学技术大会上,胡锦涛总书记在讲话中特别强调"要加快发展空天和海洋科技,和平利用太空和海洋资源"。在《国家中长期科学和技术发展规划纲要(2006—2020 年)》中,所列的七个优先主题、一个前沿技术领域、一批相关基础研究发展重点、一个重大科技专项等均有海洋科技内容。2006 年,国家海洋局、科学技术部、国防科学技术工业委员会、国家自然科学基金委员会联合印发了《国家"十一五"海洋科学和技术发展规划纲要》,这是我国首个国家海洋科学和技术发展规划。2008 年 8 月 29 日,国家海洋局印发了《全国科技兴海规划纲要(2008—2015 年)》。2011 年以来,山东、浙江、广东三省的海洋经济战略相继升格为国家战略,这使得我国海洋科技工作面临巨大的

---

① 本节内容已发表于《科学管理研究》2012 年第 6 期。

发展机遇。

改革开放以来,我国海洋科技工作取得了显著进步,海洋人才队伍不断壮大,海洋科技体制改革初见成效,创新和支撑能力有了明显提高。但与世界先进水平相比,我国海洋科技的总体水平仍存在较大差距,与国家海洋事业发展的要求还不相适应,海洋科技对海洋经济的贡献率仍然不高,海洋高新技术产业在海洋经济中的比重明显偏低,海洋开发与保护的矛盾依然尖锐。刘大海等(2008)的测算表明,"十五"期间我国海洋科技进步贡献率平均只有35%,与发达国家80%的水平相去甚远。随着我国海洋经济的快速发展和海洋开发不断向广度和深度推进,对海洋科技的要求也越来越迫切,因而国内学者就我国海洋科技发展问题进行了广泛研究,大体集中在如下几个方面:第一个方面是海洋科技在海洋经济发展中的作用研究。毕晓琳(2010)具体分析了海洋科技对我国主要海洋产业包括海洋渔业、海洋资源开采业、海水利用业、海洋制药业的影响。殷克东(2009)构建了海洋科学技术与海洋经济可持续发展的评价指标体系,运用主成分分析方法分别对海洋科学技术与海洋经济可持续发展的综合水平进行了测度与评价,并根据测度与评价结果建立了海洋科学技术对海洋经济可持续发展贡献度的计量经济学模型。实证研究结果表明,海洋科学技术与海洋经济可持续发展之间存在内在关联性和互动关系;第二个方面是海洋科技的发展战略与原则研究。潘树红(2006)提出了海洋科技发展政策制定的三条原则及保证其实施的四项措施。乔俊果(2010)提出了以科技创新推进海洋产业结构优化的具体思路,认为应加强第一产业的技术改造,重点发展第二产业的海洋油气、深海矿产开采技术,推进潜在高增长海洋技术的产业化应用,强化海洋共性技术的研究;第三个方面是海洋科技水平与竞争力的评价研究。伍业锋(2006)建立了中国沿海地区海洋科技竞争力的评价理论与评价体系,并利用2003年的统计数据对沿海11个地区进行了评价。白福臣(2009)构建了沿海地区海洋科技竞争力评价指标体系,运用灰色系统理论建立了多层灰色评价模型,并对中国11个沿海省和直辖市的海洋科技竞争力进行了综合评价及比较分析。殷克东(2009)利用解释结构模型构建了我国海洋科技实力的综合评价指标体系,通过熵值法、灰色关联分析、PCA、AHP等方法分别构建了测度模型,采用Kendall和模糊聚类法对 2002—2006 年我国沿海地区海洋科技实力的测度结果进行了分析，并针对典型区域海洋科技发展水平变迁的动因进行了雷达预警分析，探明了中国海洋科技发展变迁的关键因素及其内在关联效应。

上述研究对于准确了解我国海洋科技发展状况，制定有针对性的海洋科技发展政策无疑具有重要意义。但现有研究忽视了一个重要领域，即海洋科技创新效率及其影响因素问题。从根本上来说，提升海洋科技水平应该从两个方面努力：一是提高海洋科技投入，二是提高海洋科技创新效率，海洋科技产出水平也正是上述两个因素的乘积。由于科技资源具有稀缺性，寻求有限资源的高效利用是提升海洋科技能力最佳、最有效的途径，也是保持海洋科技事业可持续发展的根本保证。鉴于此，研究海洋科技创新效率的影响因素就显得十分必要，而这也正是本章的研究主旨所在。本章首先运用超效率 DEA 模型，对我国各地区海洋科技创新效率进行测度，继而分析影响海洋科技创新效率的可能因素，然后进行实证检验，最后提出提高我国海洋科技创新效率的对策建议。

二、区域海洋科技创新效率测算

数据包络分析（DEA）是进行相对效率测算的一种主要方法。传统的 DEA 方法由于允许决策单元跟自己进行比较，因此常常出现很多决策单元的效率值为 1 的现象，这不利于进一步甄别这些前沿面决策单元的相对效率。因而，Banker 和 Gifford（1988）首次构建了超效率 DEA 模型，其原理是：假设有 n 个决策单元（DMU），每个决策单元（DMU_j）都有 m 种输入和 s 种输出，$x_j = (x_{1j}, x_{2j}, \cdots, x_{mj})^T$，$x_{ij} > 0$ 为第 j 个决策单元 DMU_j 的第 i 种输入类型的输入量（$i = 1, 2, \cdots, m$）；$y_j = (y_{1j}, y_{2j}, \cdots, y_{sj})^T$，$y_{rj} > 0$ 为第 j 个决策单元第 r 种输出类型的输出量（$r = 1, 2, \cdots, s$）。$x_0 = x_{j_0}$，$\gamma_0 = \gamma_{j_0}$ 分别为决策单元 DMU_{j_0} 的输入和输出，对于选定的 DMU_{j_0}，判断其有效性的超效率 DEA 模型可以表示为

$$\min\left[\theta - \varepsilon\left(\sum_{i=1}^{m} s_i^- + \sum_{r=1}^{s} s_r^+\right)\right]$$

$$s.t. \sum_{j=1, j \neq j_0}^{n} \lambda_j x_{ij} + s_i^- = \theta x_{ij_0}, i = 1, 2, \cdots, m \tag{6-2}$$

$$\sum_{j=1, j \neq j_0}^{n} \lambda_j \gamma_{rj} - s_r^+ = \gamma_{rj_0}, r = 1, 2, \cdots, s$$

$$\lambda_j \geqslant 0, \quad j = 1, 2, \cdots, n; \qquad s_i^- \geqslant 0, s_r^+ \geqslant 0$$

其中 s_i^- 和 s_r^+ 分别为剩余变量和松弛变量，ε 为非阿基米德无穷小量，一般取 $\varepsilon = 10^{-6}$，θ 为该决策单元 DMU_{j_0} 的效率值。在超效率 DEA 模型中，θ 值可以大于 1，而且 θ 值越大，该决策单元的相对效率越高。

下面利用超效率 DEA 模型对我国区域海洋科技创新效率进行测算。目前，我国海洋科技的统计区域除包括沿海 11 个省市之外，还包括北京市和"其他地区"，因而共有 13 个统计对象。为了增大样本规模，利用 2006—2009 年各地区的数据①，把每一年的每个地区作为一个决策单元(DMU)，如此共有 52 个决策单元。基于现行的统计数据，选取的投入指标包括科研机构经费收入总额和科研机构从业人员数量两个指标，分别反映了海洋科技创新中的经费投入和人员投入；选取的产出指标包括专利申请受理数、科技论文数量、科技著作数量和科技课题数量四个指标。考虑到这些指标中除科研机构经费收入总额为价值指标外，其他均为实物指标，因此构建价格缩减指数把 2007—2009 年的科研机构收入总额指标调整为 2006 年不变价，其中第 i 年价格缩减指数 ＝（第 i 年名义海洋 GDP / 2006 年海洋 GDP）$/\prod\limits_{t=1}^{i}$(1 ＋ 第 t 年海洋 GDP 实际环比增长速度)($i = 1, 2, 3$，分别对应于 2007 年、2008 年、2009 年)。由于缺少各相关地区的详细数据，因此计算价格缩减指数时利用了全国的总体数据。

利用 EMS1.3 软件进行超效率测算，按照效率值由高到低排序结果见表 6-6。可以看出，虽然不同年份的不同地区分别作为一个独立的决策单元，但各省市在效率排名中的位次相对集中。比如排在前三位的全是辽宁省，接下来则全部是天津市，等等，这体现出海洋科技创新效率的省际差异。值得注意的是，辽宁省 2009 年的效率值排在最后一位，与其他三年的高效率形成鲜明对照。查看原始数据发现，辽宁省 2009 年的经费投入总额达到 6.59 亿元，2008 年的经费投入总额仅有 2.72 亿元；2009 年的人员投入为 1813 人，2008 年的人员投入则只有 623 人。2009 年与 2008 年相比，经费投入和人员投入分别增长了将近 1.5 倍、2 倍。经费投入和人员投入的快速增长是 2009 年辽宁省相对效率下滑的主要原因。

---

① 　2005 年之前的相关统计数据不全，因此无法纳入测算范围。

表 6-6   区域海洋科技创新效率值

DMU	效率值	DMU	效率值	DMU	效率值	DMU	效率值
辽宁 2006	5.143	上海 2006	1.997	其他 2006	1.324	北京 2007	1.021
辽宁 2008	4.310	浙江 2009	1.973	广东 2007	1.315	江苏 2006	0.994
辽宁 2007	3.859	浙江 2008	1.968	海南 2008	1.248	北京 2006	0.982
天津 2008	3.726	上海 2007	1.955	其他 2007	1.245	上海 2009	0.980
天津 2006	3.097	山东 2007	1.782	广东 2006	1.231	江苏 2007	0.964
天津 2007	3.084	山东 2006	1.671	其他 2009	1.213	河北 2009	0.951
天津 2009	2.770	广西 2006	1.660	其他 2008	1.196	海南 2007	0.940
广西 2008	2.702	山东 2008	1.623	福建 2008	1.179	北京 2008	0.921
浙江 2007	2.197	上海 2008	1.556	广东 2009	1.165	江苏 2008	0.916
广西 2007	2.178	山东 2009	1.522	北京 2009	1.134	河北 2008	0.910
海南 2009	2.176	福建 2009	1.474	河北 2006	1.107	海南 2006	0.856
浙江 2006	2.080	福建 2006	1.465	江苏 2009	1.048	河北 2007	0.639
广西 2009	2.021	福建 2007	1.362	广东 2008	1.021	辽宁 2009	0.521

为了对各省相对效率进行对比,计算各地区四年的平均效率值,见表 6-7。可见,辽宁、天津、广西、浙江等省市效率较高,而广东、北京、江苏、河北等省市则效率较低。

表 6-7   各地区平均效率排序

辽宁	天津	广西	浙江	山东	上海	福建	海南	其他	广东	北京	江苏	河北
3.458	3.169	2.140	2.054	1.649	1.622	1.370	1.305	1.244	1.183	1.015	0.981	0.902

三、海洋科技创新效率的影响因素分析

在评价各地区海洋科技创新效率的基础上,进一步探究影响区域海洋科技创新效率的因素具有重要意义,可以为提高我国海洋科技创新效率提供理论支持。影响区域海洋科技创新效率的因素有很多,比如制度因素、文化因素等。在分析区域海洋科技创新效率的影响因素时,我们考虑了如下两个方面:一是可实证性,即可以利用现有的统计数据进行经验检验;二是可控制性,即相关因素是人为可控的,从而使得研究结论

可以为提高区域海洋科技创新效率提供直接的可操作依据。基于上述考虑,分析如下四个变量对区域海洋科技创新效率的影响:科研机构规模;专业技术人员占科研机构从业人员的比重;高级职称人员占专业技术人员的比重;研究生占专业技术人员的比重。

科研机构规模的影响。科研机构作为将创新投入转化为创新产出的主体,其规模可能是影响创新效率的一个因素。到目前为止,规模与效率之间的关系并没有一个权威的解释。按照科斯的企业边界理论,企业的边界取决于市场交易成本与企业内部组织成本之间的对比关系。当企业规模较小时,企业内部组织成本小于市场交易成本,企业规模趋向于扩大。企业规模扩大的过程中,其内部组织成本不断上升,直到内部组织成本上升到与市场交易成本相等时,企业就达到了最优规模。显然科斯认为,企业规模越大,其效率越低,即存在规模报酬递减规律。但是,主流新古典经济学对固定成本的考虑却支持规模报酬递增规律。因而,在解释规模与效率之间的关系时,现有理论存在矛盾之处,于是经验研究成为解决这一问题的一个重要选择,其中很多研究得出小企业更有效率的结论,因此,我们可以初步认为,海洋科研机构规模越小,海洋科技创新效率就越高。

专业技术人员占科研机构从业人员的比重。科研机构从业人员可以分为两类:专业技术人员和非专业技术人员。专业技术人员的主要任务是进行研究和创新,非专业技术人员虽然不直接从事创新活动,但为专业技术人员的创新活动提供必要的服务和支持,对于维持海洋科研机构的正常运作必不可少。在一个科研机构中,要维持较高的创新效率,应该将专业技术人员与非专业技术人员的比例保持在适当水平。如果专业技术人员的比重过高,固然会有更多的机构成员从事创新活动,但是会造成科研机构的后勤服务跟不上,从而迫使专业技术人员既要从事本职的科研和创新活动,又要进行自我服务,比如打印复印、填表、对外联系等,这势必会造成专业技术人员精力分散,不能专心从事海洋科研活动,从而降低创新产出水平,损害创新效率。反之,如果科研机构中专业技术人员比重过低,就会造成科研机构的后勤服务出现"过剩",出现人浮于事的现象,科研机构的创新投入不能产生相应的创新产出,从而也会降低科研机构的创新效率。由此可见,科研机构专业技术人员比重不宜过高也不宜过低,而应该维持在一个适当的水平,否则就会对创新效率产生影响。

高级职称人员占专业技术人员的比重。职称是评判专业技术人员创新能力的外在标志,按照我国现行的职称评定标准,只有在专利申请、学术论文发表、科技论著出版、承担科技课题等方面具有显著成绩的专业技术人员,才有可能评定高级职称。因此,一般来说,具有高级职称的专业技术人员应该具有较强的研发和创新能力。同时,与非高级职称专业技术人员相比,高级职称专业技术人员从科研机构获得的相关待遇更高,相应地,科研机构要为高级职称专业技术人员承担更高的成本支出。因此,高级职称专业技术人员作为一个创新主体,其既可能具有较高的创新产出,但同时也需要更高的创新投入,其创新效率的高低则取决于创新产出与创新投入之间的对比关系。如果创新产出提高比例高于创新投入提高的比例,则高级职称专业技术人员就比非高级职称专业技术人员具有更高的创新效率,反之则低于非高级职称技术人员的创新效率。只有在高级职称专业技术人员创新效率高于非高级专业技术人员的情况下,高级职称专业技术人员比重的提高才能提升整个科研机构的创新效率。

研究生占专业技术人员的比重。学历水平是专业技术人员为提升创新能力而投入的时间成本的外在标志。学历水平越高,说明一个专业技术人员在提升个人创新能力方面付出了更高的成本,其创新能力一般越强。但另一方面,学历水平也是决定专业技术人员待遇的重要依据,在不考虑其他因素的情况下,学历水平越高,专业技术人员从科研机构获取的待遇越高,相应地,科研机构要为高学历专业技术人员承担更高的成本支出。因此,研究生群体对科研机构整体创新效率的贡献取决于两个方面:创新投入与创新产出。与低学历群体相比,如果研究生群体的创新产出提高程度高于其创新投入提高程度,则研究生群体具有较高的创新效率,研究生在专业技术人员中比重的提高就有利于提高科研机构的创新效率。

从以上分析来看,所分析的四个变量均可能对海洋科技创新效率产生影响,但是其影响的方向取决于各相关因素在我国海洋科技创新系统中的实际运作状况,具有不确定性,需要进一步的经验研究。

四、实证检验

为了具体检验四个变量对海洋科技创新效率的影响,我们建立如下双对数回归模型:

$$\ln(Y) = \alpha_0 + \alpha_1 \ln(X_1) + \alpha_2 \ln(X_2) + \alpha_3 \ln(X_3) + \alpha_4 \ln(X_4) + \mu \quad (6\text{-}3)$$

其中,Y 表示海洋科技创新效率,X_1 表示海洋科研机构规模,X_2 表示专业技术人员在海洋科研机构全部从业人员中的比重,X_3 表示高级职称人员占科研机构专业技术人员的比重,X_4 表示研究生占科研机构专业技术人员的比重。各变量的计算方法见表 6-8。

表 6-8　各变量计算方法

变量	计算方法
Y	取超效率测算结果(见表 6-6)
X_1	海洋科研机构从业人员数量/海洋科研机构数
X_2	海洋科研机构专业技术人员数量/海洋科研机构从业人员数量
X_3	海洋科研机构高级职称人员数量/海洋科研机构专业技术人员数量
X_4	海洋科研机构研究生数量/海洋科研机构专业技术人员数量

数据说明。所用数据为 2006—2009 年全国 13 个地区的相关数据(与表 6-6 一致)。虽然所用的数据具有时间和空间两个维度,符合面板数据的基本特征,但由于个体较少,时间跨度短,不适宜用标准的面板数据模型进行检验和建模。因此,直接把 13 个地区 4 年共计 52 个数据作为混合数据进行回归分析。

据此,对计算得到的各自变量进行描述性统计,见表 6-9,可见,各地区在各指标值上差异较大。

表 6-9　自变量的描述性统计

变量	均值	最大值	最小值	标准差
X_1	150.096	484.600	26.000	103.607
X_2	0.818	0.959	0.644	0.075
X_3	0.339	0.519	0.054	0.110
X_4	0.299	0.582	0.033	0.136

　　下面根据(6-3)式进行计量分析,所用软件为 Eviews6.0。为了消除截面数据可能产生的异方差问题,采用了加权最小二乘法(WLS),回归结果见表 6-10。

表 6-10　回归结果

变量	系数	t 统计量
C	0.6267^*	4.1277
$\ln(X_1)$	0.1351^*	5.2913
$\ln(X_2)$	-1.9332^*	-13.6807
$\ln(X_3)$	0.2605^*	6.6574
$\ln(X_4)$	-0.2579^*	-5.4891
$R^2=0.9612$, adj-$R^2=0.9579$, $F=290.8501$, D. W. $=1.9125$		

注:* 表示在 1% 水平上显著。

　　可见,整个方程拟合效果良好,可以解释因变量 95.79% 的变差,F统计量的值很大。同时,每个自变量的回归系数均高度显著,全部通过 1% 的显著性水平检验。由回归结果得出如下结论:

　　其一,科研机构规模与海洋科技创新效率同方向变动。即科研机构规模越大,其创新效率越高,这与很多已有文献得出的规模与效率反方向变动的研究结论相悖。为了验证这一结论的稳健性,我们分别计算了科技活动人员人均专利申请受理数、科技活动人员人均发明专利申请受理数、科技活动人员人均发表论文数、科技活动人员人均承担课题数等 4 个"显性"效率变量与科研机构规模变量之间的相关系数,结果分别为 0.546(0.000)、0.501(0.000)、0.268(0.038)、0.204(0.118),括号内为判定显著性水平的 P 值。可见,三个效率变量与科研机构规模变量至少在 5% 的水平上显著,另外一个相关系数虽然统计上不显著,但也是正值。进一步进行的回归分析也得出了相似的结论,这为本文得出的科研机构规模与效率正相关的结论提供了新的注脚。可以从如下几个方面解释这一结论:一是科研机构规模越大,创新氛围越浓厚;二是科研机构规模越大,学科分支就会越多,从而容易引起多学科交叉创新;三是科研机构规模越大,就越可能"藏龙卧虎",拥有更多高创新能力人才,从而可以及时为其他科技人员解决创新过程中遇到的难题,使得创新过程不致中断;四是科研机构规模越大,实力越强,越容易得到各类创新基金的支持和资助,从而提高创新产出的数量。

其二,专业技术人员占科研机构从业人员的比重与海洋科技创新效率反方向变动。即专业技术人员占科研机构全部从业人员的比重越高,科研机构的创新效率越低。这说明,目前我国海洋科研机构中专业技术人员比重整体偏高,导致专业技术人员与非专业技术人员的结构不尽合理,专业技术人员的创新环境需要改善。因此,科研机构尤其是专业技术人员比重偏高的科研机构,需要调整人员结构,相应提高非专业技术人员的比重,从而为专业技术人员提供更好的服务环境和工作条件。

其三,高级职称人员在专业技术人员中的比重与海洋科技创新效率正相关。也就是说,海洋科研机构中高级职称人员比重越高,其创新效率越高。这说明虽然科研机构要为高级职称人员承担更高的成本支出,但高级职称人员所创造的产出增长却明显高于这种成本的增长,因此提高高级职称人员的比重对于提高海洋科技创新效率是有利的。高级职称本身就是创新能力的外在标志,专业技术人员职称越高,通常情况下其创新能力越强。同时,在现有的科技制度环境下,科研基金的资助、成果的发布等,都与职称有一定的关联。科研人员职称越高,得到科研资助的机会越多,成果也越容易得到认可,无形中提高了高级职称专业技术人员的产出水平,提高了其创新效率。

其四,研究生在专业技术人员中的比重与海洋科技创新效率负相关。这说明,学历可能不是决定创新能力的决定性因素,或者即便高学历人员具有更高的创新能力,但其创新产出提高的比例却低于科研机构为其承担的创新成本提高的比例,因而损害了科研机构的创新效率。由于研究生扩招,每个研究生导师招收的研究生数量偏多,导师往往没有充足的时间和精力培养研究生。同时,整个社会的发展趋势是物质利益越来越受到重视,这也在一定程度上弱化了研究生导师的责任感。另外,还有大量通过非正式渠道,如各种培训班授予的研究生学位,其授予过程极不规范。在这些因素的共同作用下,研究生教育的质量难以得到保证。很多人具有研究生学历和学位,但并不具备相对应的素质和能力,与低学历的专业技术人员相比,其优势并不明显,但科研机构还要为其高学历和学位支付较高的成本,从而导致这部分科技人员的创新效率偏低。

五、结论与建议

在利用超效率模型测算各地区海洋科技创新效率的基础上,对影响我国海洋科技创新效率的因素进行了计量分析,发现海洋科研机构规模、高级职称人员占专业技术人员的比重两个变量与海洋科技创新效率具有显著的正相关关系,而专业技术人员占海洋科研机构全部从业人员的比重、研究生占专业技术人员的比重两个变量与海洋科技创新效率呈反方向变动关系。由此,提高我国海洋科技创新效率应该从以下几个方面着手:一是处理好海洋科研机构规模与效率间的关系。科研机构规模的扩大对于进行重大创新、联合创新等具有重要意义。因而,要改变海洋科研机构规模偏小、分布分散的局面,通过有效途径扩大海洋科研机构规模:一方面可以对现有的科研机构加大投入,增加学科分支,增加人员聘用;另一方面可以引导现有的海洋科研机构进行合并、重组,实现海洋科技资源的优化配置。科研机构要通过创新管理体制,强化和优化激励约束机制,不断提高效率水平;二是海洋科研机构要处理好专业技术人员与非专业技术人员的比重问题。保持一定的非专业技术人员比重对于提高创新效率是必要的,因而很多科研机构要视具体情况适当提高非专业技术人员在全部从业人员中的比重;三是提高高级职称人员在专业技术人员中的比重。积极为科研机构人员创造职称评聘的有利条件,或者通过外聘等途径不断优化和提升专业技术人员的职称结构,是提高海洋科技创新效率的有效途径;四是改善和优化对高学历人员的考核机制。高学历人员是海洋科研机构的宝贵财富,科研机构一方面要为他们提供优越的科研条件(尤其是那些毕业时间不长、职称较低、社会关系网络较狭窄的科研人员),另一方面要强化激励约束机制,大力激发他们的科研积极性,迅速提高其创新能力和创新产出。

小　结

在海洋科技投入既定的情况下,只有提高海洋科技创新效率,才能提高海洋科技创新产出水平,因而我们对影响我国海洋科研机构创新效率的影响因素进行了实证研究。研究发现海洋科研机构规模与海洋科研机构创新效率显著正相关,即海洋科研机构的规模越大,其创新效率越高。进而研究了人员构成对海洋科技创新效率的影响,发现高级职称人员占专业技术人员的比重与海洋科研机构创新效率具有显著的正相关关系,而专业技术人员占海洋科研机构全部从业人员的比重、研究生占专业技术人员的比重两个变量与海洋科技创新效率呈反方向变动关系。这种研究结果为通过调整海洋科研机构规模、人员构成等途径提升海洋科研机构创新效率提供了理论支持。

第七章　我国海洋科技发展的路径与策略

　　我们的研究表明,在海洋经济迅速发展的同时,我国的海洋科技事业也取得了长足的进步。尤其是2009年以来,随着海洋经济战略地位的提升,我国海洋科技几乎各项指标均取得了爆发式增长。与海洋经济在国民经济中的地位相比,海洋科技有些指标实现了超前发展,但有些指标则始终处于滞后状态。我国沿海各省市海洋科技发展存在较大差异,对区域海洋经济的支撑力也强弱不同,有些地区如海南、广西等还处于科技较为落后的状态。实证研究结果表明,海洋科技发展对我国海洋劳动产业结构升级具有支持作用,尤其是对海洋第二产业的发展具有明显促进作用。科技不仅本身显著促进了我国海洋劳动生产率的提高,而且通过作用于海洋产业结构的优化升级对海洋劳动生产率的提升起到了间接作用。海洋科研机构的创新效率受科研机构规模、人员构成等多方面因素的影响。总之,海洋科技显著促进了我国海洋经济的发展,但海洋科技发展本身还存在体制机制不合理、投入不足、区域间发展不平衡、产学研结合不够紧密等问题,必须多管齐下,进一步促进我国海洋事业的发展,以提升科技对海洋经济发展的支撑力。

第一节　"三位一体"的海洋科技发展模式创新①

一、海洋科技发展模式基本架构

为促进我国海洋科技的产学研合作,提高我国整体海洋科技水平及海洋科技竞争力,我们提出大型海洋企业及科研机构拉动,中小型科研机构、中小海洋科技企业及风险投资三位一体产业化运作的海洋科技创新模式,如图7-1。其基本运作思路是:大型海洋企业及科研机构向中小型科研机构提出海洋科技开发需求,中小型科研机构根据需求进行研发,进而将研发成果转移到中小型海洋科技企业,在风险投资的支持下,中小型科研机构、中小海洋科技企业、风险投资企业三者构成企业化运作利益共同体,实现科研成果的产业化和市场化。

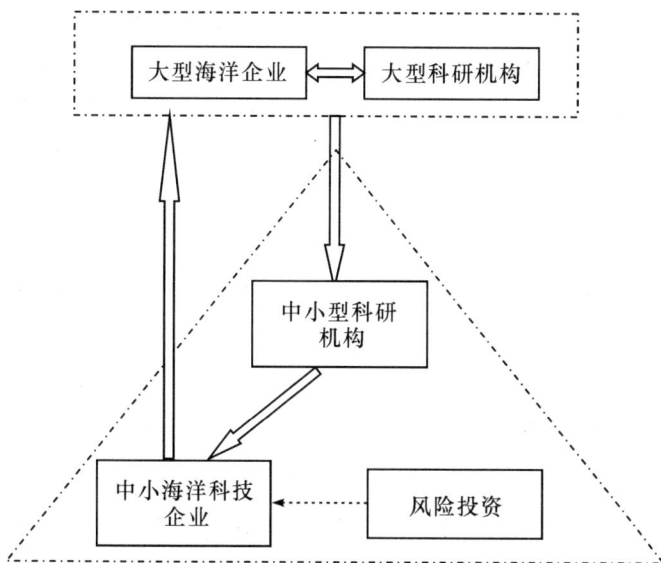

图 7-1　促进产学研结合的海洋科技创新发展模式

---

① 本节内容为被《科技管理研究》杂志录用的一篇论文的主体部分。

二、创新模式运作中的几个关键环节

（一）大型海洋企业与科研机构紧密合作，向中小科研机构提出研发需求

首先，大型海洋企业及科研机构之间应该建立长期稳定的合作关系。大型海洋企业实力雄厚，一般具有较强的自主研发能力。企业直接面向市场，具有敏锐的市场洞察力和感应力，往往可以站在海洋科技研发的前沿，这对于把握海洋科技的整体研究方向具有重要意义。但是，企业的本质是追逐利润，对于某些关系到海洋科技的国家竞争力、主要为海洋经济发展提供公共服务因而市场效益不明显的基础性研发项目，企业就可能不会涉足，而大型海洋科研机构则可以承担这种具有公益性的大型科研项目。大型科研机构的研发内容可以分成两类：一是涉及海洋公共管理、关系到国家科技竞争力的公益性研发，二是面向市场的主要为大型海洋科技企业服务的市场化研发。由于任何企业、科研机构的研发能力和研发优势总是有限的，大型海洋企业与大型的独立科研机构有必要进行广泛的科技合作。这种强强联合带来的好处：一是强化了产学研合作力度，二是更有利于把握我国海洋科技的整体研发方向与趋势。

其次，大型科研机构及海洋企业把配套研发需求传达给中小科研机构。总体来说，海洋科技研发具有周期长、投入大、环节多、项目运作复杂的特点，这种特点使得大型海洋企业及科研机构完全依靠自身力量独立完成整个研发项目的难度大大增加，而且这样做也会大大延长整个研发项目的周期，降低研发效率。在市场机制的作用下，大型海洋企业及科研机构完全可以对项目进行科学分解，自己主攻整体设计及关键的、大型的、自身优势突出的科研环节，而把其中较为简单的、投入较少的研发项目分包给中小研发机构。比如"蛟龙"号载人潜水器项目研发过程中，为保证一些部件能够在深水中长期、安全使用，对其材料、结构的防水、防腐蚀、防附着、耐压、抗拖拉、抗冲击等性能都有较高的要求。其中看似简单的水密接插件国内制造的只能插拔二十几次，而美国制造的就可以插拔上千次。如果买美国产的普通水密接插件，就需花费巨资。对

于这种需要技术突破的零部件,完全可以委托给中小研发机构进行技术攻关。

（二）中小科研机构与中小科技企业合作,实现三位一体的产业化运作

中小科研机构获取的科研任务可以分成两类:一类是专业性很强、只为某种特定的大型科研设备配套的科研任务,一类是通用性强、适应面广因而可以进行大规模市场化的科研任务。对于后一类项目,中小科研机构就可以通过与中小海洋科技企业合作实现产业化运作。当然,有些专业性强的科研成果经过适当改造也可以进行大规模市场化,某些军用转民用的技术就是如此。在这里,我们强调所谓的"三位一体"产业化运作,是指中小科研机构及风险资本均应成为产业化运作中的利益相关者,其利益与产业化结果直接挂钩。这一点对于风险资本是理所当然的。我们认为中小科研机构不应主要依赖成果转让获取收益,而是应该通过制度设计,如股权持有、销售额提成等,让中小科研机构成为产业化运作中的一个重要参与者。经过这种制度设计,产业化结果直接关系到中小科研机构的经济利益,因此中小科研机构在科技开发中会更加重视与产业的接触与联合,并对研发结果更加关切,从而提高研发质量。对于产业化运作中遇到的技术问题,中小科研机构也有足够的动力去及时解决。另外,在我们提出的模型中,中小科研机构研发成果的产业化结果也可以直接作为研发成果质量的试金石,成为评判中小科研机构研发能力的重要标准,从而也成为大型科研机构及海洋企业选择研发合作伙伴的直接依据,因而在很大程度上关系到中小科研机构声誉及未来的发展潜力,这也成为约束和激励广大中小科研机构研发行为的重要力量。

在"三位一体"的产业化运作模式中,中小科研机构对产业化过程的积极参与还可以成为促进风险投资发展的积极力量。因为中小科研机构的参与提高了产业化运作中的技术支撑和保证,技术失败的风险因此减小,从而可以相应提高风险资本的收益率。

（三）产业化的产品返销大型科研机构及海洋企业

由于付诸产业化的科研成果的直接需求来自大型科研机构及大型

海洋企业,因此产品销售的一个首选是返销给大型科研机构及海洋企业(或者在科研分包合同中明确大型海洋科研机构及企业的优先权)。这种返销及时地保证了大型海洋科研项目的顺利进行,使得中小科研机构及中小海洋科技企业成为我国海洋科技进步中不可或缺的重要力量。中小科研机构因而摆脱了研究方向散乱、研究成果难以与产业结合的困境,而中小海洋科技企业也因此获得源源不断的海洋科技成果支撑,成为其不断产生和成长的重要催化力量。当然,产品返销大型科研机构及海洋企业只是其中的一个选择,很多产品可能具有更广阔的市场空间,有更多的销售策略可以选择。

这一模式的优势是:(1)可以实现海洋科技研发力量的有机整合,改变广大中小海洋科研机构散、乱、小、科研方向不清晰的困境,使其成为我国海洋科技进步的有生力量,为我国海洋科技整体竞争力的提升提供强力支持;(2)可以提高海洋科技产、学、研的合作力度,有效解决一直困扰我国的科研成果转化率不高问题;(3)可以解决中小海洋科技企业自身研发能力弱、创新能力不强的现实问题,大量的中小科研机构可以为中小海洋科技企业提供丰富的科技成果。

三、创新模式运行需要解决的几个关键问题

要使得该模式得以运行并产生较好的效果,需要解决如下几个关键问题:

(一)大型科研机构与大型海洋企业之间要建立密切合作关系

这种合作关系可以在更高层次上提高科研成果的产业化水平,并确保我国的海洋科技发展始终处于世界前沿水平。通过合作,大型科研机构的科研成果可以及时传递到大型海洋企业,为顺利实现产业化寻找更多的机会,而大型海洋企业的科研需求也可以为大型海洋科研机构提供灵感和机遇。由于大型科研机构及大型海洋企业数量有限,这种合作一旦建成,就可以保持相对稳定。

(二)要处理好知识产权问题

在该模式中,中小科研机构承接大型科研机构及海洋企业的外包业

务而产出的科研成果,其知识产权涉及到外包方与承包方两个主体。因此,科研成果必须首先确保外包方的利益,而且产业化过程中不能损害外包方的利益,即必须得到外包方的知情同意,并通过签署相应的知识产权协议防止可能发生的知识产权纠纷。

(三)中小科研机构要优化运作机制

主要有两个方面:一是研究方向的集中化。中小科研机构要改变科学研究小而全的局面,做到研究方向的专一化和集中化。这样做一方面可以提高中小科研机构的研究水平,使得中小科研机构在某个领域具有突出优势甚至保持领先。另一方面使得中小科研机构在某海洋科研领域建立良好的声誉,降低与大型科研机构及海洋企业之间的合作成本及风险。实际上,科研机构研究方向的集中和专一也是很多海洋科技领先国家的共同经验。比如在澳大利亚,各研究机构和部门不搞小而全,研究内容不贪面广,研究十分深入,从而代表该领域的研究潮流(董昭和,2001);二是激励机制的改变。在这一运作模式中,中小科研机构的收益主要应该来自科研成果的产业化而不是财政支持的科研经费或者成果转让收入,只有这样,才能激发中小科研机构与企业合作的动力和积极性,为海洋科研成果产业化提供良好的制度环境。

(四)通过产业集聚促进科技成果产业化

产业集聚的优势是有利于信息的传播并为合作伙伴的寻找带来便利。显然,在发展海洋科技的过程中,大量中小科研机构会产生数量众多的科研成果,这些科研成果则要通过大量中小海洋科技企业付诸产业化。通过产业集聚,中小科研机构和中小海洋科技企业在一定地域范围内集中,可以大大促进信息的传播和交流,提高合作伙伴寻找和选择的效率,从而加快科研成果产业化进程。

(五)大力发展风险资本

中小海洋科技企业发展中面临的一个重要难题是融资渠道不畅,而风险资本可以为科技成果产业化提供重要的资金支持。风险投资发展滞后、不规范的情况在我国较为突出,如何创新发展风险投资的体制和机制促进风险投资发展,是一个十分值得重视的问题。在我们提出的模式中,由于中小科研机构成为科技成果产业化过程中的重要利益相关者,可以降低技术失败风险,因而会在一定程度上降低风险资本的投资风险,促进风险资本的发展。

第二节　促进我国海洋科技发展的具体路径

一、进一步增加海洋科技投入

我们的研究发现,我国近年来海洋科技投入呈现大幅增长的态势,有些指标已经与海洋经济发展的地位相适应,个别指标甚至已出现超前增长。但是也应该看到,长期以来,我国海洋科技投入总体不足,处于一种"负债"状态。海洋科研机构及其科技活动人员的数量、科技论文尤其是国外发表的科技论文数量等一直没有跟上海洋经济发展的步伐。很多指标是近几年来才出现"爆发式"增长,而之前一直与海洋经济的发展地位不相适应。海洋科技发展是一项长期的、系统的工作,科技发展具有很强的路径依赖性。长期的投入不足必然造成我国海洋科技在基础研究、学科发展、新老接替等方面出现断层,影响我国海洋科技的长期发展。因此,在海洋科技投入已经出现较大恢复式增长的情况下,应该再接再厉,进一步加大海洋科技投入力度。

要进一步加大海洋科研机构的数量。海洋科研机构可以分为三类:基础研究类海洋科研机构、应用研究类海洋科研机构和产学研结合类海洋科研机构。其中基础类海洋科研机构主要进行海洋科学技术的基础研究、重大研究、涉及海洋经济发展全局的宏观研究,主要为海洋经济发展储备科技基础,应对未来的海洋经济和科技竞争。应用研究类海洋科研机构主要是针对地方海洋经济发展的特点及海洋产业的结构布局展开有针对性的研究,研究成果的主要应用方向是支持地方产业发展。产学研结合类海洋科研机构一方面应该全面掌握国内外海洋科技的发展态势和动向,另一方面应该熟悉海洋经济的发展实践,从而成为海洋科技与海洋经济发展之间的一道桥梁,主要应该承担起海洋科技成果产业化的重任。国家和各地方应该根据自身的科研力量、海洋经济发展实际情况确定海洋科研机构的类型和数量。一般来说,基础研究类海洋科研机构应该由国家统筹,应用研究类及产学研结合类科研机构的设置主要应该由地方决策。由于海洋科技具有极强的综合性,包含的学科门类广泛,因此单纯就某个海洋学科展开研究具有很大的局限性。因此鼓励各地方包括内地各省市根据自己的科研基础积极参与到海洋科技研发工作中,实现跨学科的创新。因此,海洋科研机构的设置不限于沿海省市,内地省市也可以设置。

进一步加大海洋科技活动人员及海洋科研经费的投入。实证研究发现,我国海洋科技活动人员长期处于不足的状态。海洋科研经费尽管近年来增长较快,但有些年份也曾出现投入不足的现象。因此,我国应该进一步扩大海洋科技活动人员的队伍规模,提高海洋科研经费投入。增加海洋科技活动人员数量一方面要加大海洋科技人才的教育和培养,另一方面要制定激励性的政策,鼓励更多的科技人员自愿从事海洋研究工作。海洋科研经费在投入过程中,要重点关注两个方向:一是基础研究方向,这对保持我国海洋经济的可持续发展并赢得未来的竞争优势至关重要。从科技课题设置的情况来看,我国基础研究方面的海洋科技课题比重一直处于增长状态,说明国家已经重视海洋基础研究工作,下一步还应该继续加强;二是社会科学研究方向。长期以来我国对海洋社会科学的研究重视不足,但重视海洋社会科学研究已经成为全球的大趋势,应该进一步加大这方面的投入。

二、提高海洋科技创新效率

在加大海洋科技投入的基础上,应该进一步提高海洋科技创新效率,如此才能有效提高我国的海洋科技产出水平,提高海洋科技的竞争力及服务于海洋经济发展的能力。

根据实证研究结果,海洋科研机构的规模是影响海洋科技创新效率的重要因素。因此,应该通过集约发展、跨学科发展、强强联合扩大海洋科研机构的规模。每个科研机构应该培育若干具有研究优势和一定规模的研究团队,并在此基础上不断扩展研究网络,扩大研究范围。这与围绕产业链的专业化分工有些类似。在专业化分工中,围绕一条主要的产业链,形成若干分工精细的专业化企业。随着产业的进一步发展及分工的进一步细化,又会产生分工更加精细的企业并在此基础上出现提供新产品或者新服务的新型企业。如此,围绕原有产业链形成了一个产业网,产业网还可以进一步扩展并吸引相近的产业发展起来,其优质的产业发展条件和氛围甚至会吸引原本不相关的产业参与进来。科研机构如果遵照这条思路发展,通过强势的研究方向和团队不断扩大研究网络,不但可以形成明显的研究优势,而且可以融合科研机构的研究力量,实现研究资源的最优配置。如此,每个科研机构的规模虽然扩大了,但不会出现大而不强、效率低下的现象,可以保证并进一步提高海洋科研机构的科研效率。

优化人员构成。要通过优化人员构成提高科研机构创新效率。要合理配置海洋科研机构科技活动人员与其他服务人员的比重,并选择和聘用优秀的科技人员进入海洋科研机构。在职称评定、利益分配、激励政策等方面进行优化,提高海洋科技人员从事科技创新活动的积极性。科研人员的选聘宜参考如下几个标准:一是科研能力强,显性科研成果突出;二是具有国际视野和对外沟通能力,科研工作能够与国际接轨;三是具有较强的实践经验,了解产业发展实际;四是具有敬业和奉献精神。各科技机构应该根据自身的科技活动特点,参考以上标准择优选聘科技人员。各种类型的科研机构应该根据自身特点,制定针对性的激励政策,鼓励科技人员多出成果,出精品成果。如基础研究类海洋科研机构应该将高级别论文、专著、专利等作为主要的考评标准;应用研究类海洋科研机构则更应关注科研成果产业化的比率及其经济价值;产学研结合类海洋科研机构则重在考察科技人员的科技成果转化数量规模及其经济效益。

三、加大产学研结合力度

海洋科技快速可持续发展的关键和焦点是产学研结合问题。只有这一问题解决好了,科技成果才能通过产业化实现经济效益,科技创新主体才能得到应有的经济报酬,从而一方面极大激活科技人才的创新活力,另一方面海洋科技成果得以真正融入到产业发展之中,促进海洋高科技产业的快速发展,而海洋高科技产业的发展反过来又通过人才凝聚、市场需求拉动等形式推动海洋科技创新,从而实现海洋科技与海洋产业的良性互动发展。

一是改善和优化海洋科技人员的激励机制。除基础研究类海洋科技人员之外,对于应用研究类、产学研结合类科技人员应该改变传统的以论文、课题为主的考核方式,转而注重考核科技成果的适用性、与产业结合的紧密性,并主要根据科研成果的产业化情况进行报酬分配。应该建立科技人员销售提成制度或者剩余收益分配制度,对于得到企业认可并取得市场效益的科技成果,科技人员应该根据一定的比例分享市场收益。

二是搭建高校、科研机构与企业合作的平台。通过行业协会、技术创新战略联盟、网上技术交易市场、定期的科技成果交易会等不同方式,为企业与高校、科研机构之间的沟通交流搭建平台,为科技成果寻找市场出口,并为企业通过技术创新实现转型发展提供机会。各省市地区应该将本地海洋科技专家的基本信息、研究方向、研究成果,及海洋企业的主营业务、技术需求等内容实行网上公开,从而为达成科研院所与企业之间的合作提供交流平台。

四、激发海洋企业的技术创新动力

企业是科技成果最主要的应用主体,多数情况下也是科技成果的直接创造者。只有企业高度重视技术创新工作,真正成为技术创新和应用的主体,产学研结合才能真正落到实处。研究开发经费占销售额的比重常常作为衡量企业技术创新能力及投入水平的重要指标,一般认为,这一指标要达到5%以上,企业才有竞争力,高新技术企业则要达到8%～15%。国外大型企业集团的科研人员总数、每年的技术创新成果及相关经费投入均在国家整体的研究与开发中占有较大份额。2007年,大多数发达国家企业R&D经费占全部R&D经费的比重都在60%以上,其中韩国和日本分别达到76.1%和75.0%;美国为68.9%,2008年开始也提高到70%以上。我国在2003年之前,科技投入主要依靠政府,企业所占的比重一直没有超过30%,此后才开始大幅度提升到60%的水平。但是,来自外资企业的比重占了30%,去掉这一部分,国内本土企业的投入比重仍然低于 40%①。我国企业研究开发支出占企业销售收入的比重不足 1%，在一定程度上反映出企业重当前不重长远、重生产不重开发，还没有将技术创新作为企业生存的第一需要。发达国家不仅大型企业很重视研发活动，其中小企业也大面积开发创新活动。美国在 1982 年通过了三个中小企业创新研究与发展的相关法案，政府在这些法案框架中运作，设立了中小企业创新研究计划、中小企业技术转移计划和先进技术计划，加强对中小企业创新的引导和支持。因此，美国大部分新产品与新的创意都来自中小企业，在各领域中，中小企业都充满了创新的活力。这和我国又形成了强烈的反差。2009 年，我国有 R&D 活动的大中型企业占大中企业总数的 35%，小企业基本没有科技创新活动②。企业对研究开发新技术和新产品重视不够，企业吸纳技术的动力和能力有待加强。我国企业为了规避风险，往往热衷于对产业成熟技术的引进和简单借用，而科技成果产业化过程中的中试实验等环节成本较高，而且失败的风险也较大，因此很多企业实现科技成果产业化的愿望并不强烈，这成为产学研结合的重大障碍。

因此，政府一方面应该通过减税、让利等措施让海洋企业有较为充裕的资金从事技术创新活动，另一方面应该通过法律法规促使各级政府对海洋中小企业的科技活动予以资助。应该完善知识产权保护法律法规并规范执法行为，使中小企业的科技创新成果得到有效保护并取得应有的市场效益。鼓励有技术专长和科技成果的科技人员创立海洋中小企业，从而一方面促使现有的科技成果实现产业化，另一方面有更多的海洋中小企业重视技术创新并实现产学研结合。

五、加大海洋科技人才培养力度

海洋经济与海洋科技的发展，关键在人才。我们的研究表明，我国海洋科技人才的培养远远落后于海洋经济发展，长此以往，势必影响海洋经济与海洋科技发展的后劲与潜力。因此，加大海洋人才培养力度是发展海洋科技，提升海洋经济科技贡献率的重要途径。

---

① 顾自刚：《发达国家海洋经济发展经验对舟山的启示》，浙江省海洋文化研究会网站：http://www.zjmcr.com/index.php? m=content&c=index&a=show&catid=31&id=110。

② 资料来源同上。

要加大人才培养规模。如果要达到与海洋经济在国民经济中的地位相适应的水平,我国海洋人才的培养规模还可以扩展10倍左右。虽然博士层次的人才培养强度相对较高,但仍然可以扩充6~8倍。在这种情况下,国家应该通过增设学位点、扩大招生数量、对海洋专业学生给予适当优惠政策等措施扩大海洋人才培养总量。通过新建各级各类海洋学校或者通过现有学校的转型,提升海洋专业教育机构在全部教育机构中的比重。要适应海洋经济发展的实践并根据技术预见,增设更多的海洋学科专业,实现海洋教育的规模化、系统化。

要加大海洋职业教育。职业教育通过系统的技能培训,结合实践实习,使培养的人才可以很快适应实际工作的需要,对于推动海洋经济发展具有直接的推动作用。很多发达国家非常重视职业教育,如1993年,美国设有职业课程的学校(职业高中、综合中学、少数普通高中)达16万所,60%以上的中学毕业生还将进入高中后教育机构,继续接受职业教育。1994年欧盟委员会发表《增长、竞争力与就业》白皮书,指出职业教育是变化中社会的催化剂,强调职业教育在促进经济增长、增强企业竞争力和减少失业方面起着重要作用。德国约2/3的年轻人通过职业教育培训体系接受初等以上的教育和培训,英国则号称继续教育之乡。2006—2009年,我国海洋成人高等教育与中等职业教育毕业生数占全部海洋毕业生数的比重分别为33.1%、43.2%、41.6%、40.0%,还有很大的扩展空间。在海洋职业教育中,要注重理论与实践的结合,一方面要加大实习实践在学生全部学习时间中的比重,另一方面可以扩大招生来源,增加招收已经参加工作、有一定海洋工作经验的学生。在海洋职业教育中,教师不仅要具备理论基础,还应该具备丰富的实践经验,可以考虑招收离、退休的海洋高层次人才担任教师。

要加大海洋高层次人才包括博士、硕士的培养力度。与本专科学生相比,博士、硕士的就业对口率更高,通过培养更多的海洋博士、硕士可以使更多的优秀人才真正投身海洋事业,促进我国海洋经济与科技的发展。海洋博士培养应该更加注重基础研究、具有前瞻性的重大问题研究,其就业方向主要面向高水平的海洋科研机构,从而使这部分人才成为我国海洋基础研究方面的领军人物,引领我国海洋科技的发展方向。海洋硕士的培养可以更多地与实践相结合,其就业方向应该更多地面向产业和企业,从而使他们成为既有理论基础又具备较强实践能力的优秀人才,推动我国海洋事业的发展。

小　结

在对全书研究结论进行总结的基础上,从促进海洋经济发展的角度提出了我国海洋科技的发展思路与策略。首先,为了整合全国的海洋科技力量,提升海洋科技成果的产业化水平,提出了大型海洋企业及科研机构拉动,中小型科研机构、中小海洋科技企业及风险投资三位一体产业化运作的海洋科技创新模式,并分析了模式运行涉及的主要环节及关键问题。另外还从增加海洋科技投入、提高海洋科技创新效率、加大产学研结合力度、激发海洋企业的技术创新动力、加大海洋科技人才培养力度等角度提出了加快我国海洋科技发展的基本思路。

附　　录

附录 1

国家"十二五"海洋科学和技术发展规划纲要

（2011 年 9 月发布）

根据《国民经济和社会发展第十二个五年规划纲要》的总体要求，为深入贯彻落实《国家中长期科学和技术发展规划纲要（2006—2020 年)》，促进海洋科技发展，发挥海洋科技进步对发展海洋经济、提高海洋开发和综合管理能力的支撑引领作用，推动创新型国家建设，制定《国家"十二五"海洋科学和技术发展规划纲要》。

本规划纲要的规划期为 2011—2015 年，部分领域展望到 2020 年。

一、面临形势和发展现状

（一）面临形势

未来 5～10 年是我国海洋科技实现战略性突破的关键时期，机遇与挑战并存。

当今世界，全球科技进入新一轮的密集创新时代，以高新技术为基础的海洋战略性新兴产业将成为全球经济复苏和社会经济发展的战略重点。海洋开发进入立体开发阶段,在深入开发利用传统海洋资源的同时,不断向深远海探索开发战略新资源和能源,大力拓展海洋经济发展空间。气候变化等全球性问题更加突出,世界海洋大国将依靠科技创新和国际合作应对气候变化,走绿色发展的道路。与此同时,海洋科技向大科学、高技术体系方向发展,进入了大联合、大协作、大区域研究阶段;海洋调查步入常态化和全球化,海洋观测进入立体观测时代,并向实时化、系统化、信息化、数字化方向发展,为社会经济发展服务的业务化海洋学逐步形成。海洋科技向现实生产力转化的速度加快,不断催生海洋新兴产业。

从国内看,未来5～10年,我国经济的发展将越来越多地依赖于海洋。党中央、国务院历来高度重视海洋经济和海洋科技的发展,在《国民经济和社会发展第十二个五年规划纲要》中将发展海洋经济和海洋科技提升到前所未有的战略高度,海洋产业更是成为培育和发展战略性新兴产业的重要领域。沿海地区进入新一轮的海洋开发和区域经济发展时期,辽宁沿海经济带、河北曹妃甸工业区、天津滨海新区、山东半岛蓝色经济区、江苏沿海地区、上海浦东新区、浙江海洋经济发展示范区、福建海峡西岸经济区、广东海洋经济综合开发试验区、广西北部湾经济区和海南国际旅游岛等沿海区域发展规划相继实施,东部率先科学发展对海洋科技的需求更加凸显。可以预计,我国海洋经济和海洋产业将迎来高速发展期,海洋经济发展将站在一个新的历史起点上。但是,在海洋经济快速发展的背后,不平衡、不协调、不可持续问题依然突出,加快转变海洋经济发展方式面临更大的挑战。海洋经济结构和产业布局变化呈现阶段新特点,转变海洋经济发展方式的内生动力不足。近海生态环境和资源约束进一步增强,瓶颈制约持续增大。同时,海洋防灾减灾、保障海上通道安全和维护海洋权益任务更加艰巨。

国内外的新形势新趋势对海洋科技发展提出了新的更高要求,海洋科技发展进入快速提升阶段,迫切需要海洋科技加快实现从支撑为主向支撑与引领并进的转变,争取尽快使我国海洋科技水平进入世界先进行列,以科技创新驱动海洋经济发展,提高海洋开发、控制和综合管理能力,增强我国海洋能力拓展,促进海洋经济发展方式转变和海洋事业协调发展,为建设创新型国家做出贡献。

（二）发展现状

通过全面实施"十一五"海洋科技发展规划,我国海洋科技初步进入了协调发展时期,海洋科技整体实力显著增强,在部分领域达到国际先进水平,获国家奖励成果、论文和专利数量明显提高,海洋科技创新条件和环境明显改善,为在"十二五"实现快速发展奠定了良好的基础。主要表现在:

1. 海洋调查观测能力显著增强

海洋调查正向世界先进行列迈进,调查范围已从海岸带、近海拓展到三大洋和南北极海域。初步摸清了我国近海海洋环境变化状况,构建了我国"数字海洋"基础信息框架;在我国南海北部海域成功钻探获取天然气水合物实物样品,证实了南海海域具有巨大的天然气水合物资源远景;开展了我国首次大洋环球考察,共发现17处新的海底热液活动区,占全世界发现海底热液活动区的近十分之一,国际海底资源调查技术体系初步形成;广泛参与了"国际大洋探索计划(IODP)"航次调查和科学研究工作,主持开展了南海海域的调查航次;完成了人类首次从地面到达南极冰盖最高点的科考活动,建立了南极地区海拔最高的昆仑站;在我国第4次北极科学考察中,首次实现抵达北极点。海洋观测能力显著提高,成功发射了海洋1B卫星,投入使用了高频地波雷达、海底观测设备、Argo浮标等,开始走向从空中、海面、水层到海底的立体综合观测阶段。

2. 海洋科学研究水平稳步提高

围绕海洋环境、海洋资源和生态及全球气候变化等热点问题,取得一系列具有世界水平的研究成果。提出了海浪—环流耦合理论和数值计算模型;构建了我国近海生态系统动力学理论体系、中国边缘海形成演化理论的基本框架;揭示了东海大规模赤潮潜在危害性及危害机理,提出了宏观调控措施和治理技术;建立了鱼虾贝抗病力和免疫遗传特性的理论基础,完成了牡蛎、半滑舌鳎全基因组测序和遗传图谱绘制;揭示了冰穹 A 是南极冰盖的起源地及其早期演化过程和气候历史情景;发现了大洋碳储库的长期性,证明了热带驱动和碳循环对古气候演变的重要性;海洋初级生产力结构及微型生物生态学研究取得重要进展。发表的科技论文比"十五"增加了10.7%。

3. 海洋技术创新取得新突破

围绕提高近海资源利用水平和深海战略性资源的储备,研发了一批重大技术和装备,促进了我国海洋技术从近浅海向深远海的战略性转移。自行设计、自主集成研制的"蛟龙"号深海载人潜水器完成5000米级海试,最大下潜深度达到5188米;一批近海、深水油气田和大洋海底固体矿产资源勘探开发关键技术与重大装备已投入应用,3000米半潜式钻井平台等大型海洋工程装备研制取得突破;攻克了一批海洋药物、生物制品研究开发以及水产品加工与质量安全控制关键技术,海洋生物功能基因研究进入世界先进行列;初步构建起海水直接利用—淡化—化学资源利用的产业链技术体系;潮汐能、波浪能发电技术开始示范运行,海上风能发电技术实现商业化应用;研发了一批海洋环境实时监测仪器和系统,初步形成了专属经济区及西太平洋海洋环境立体综合监测与监控的技术能力;海洋环境预报范围初步实现从近海、西北太平洋向全球和重要海上通道的拓展,精细化海洋灾害预警报技术、海上突发事故应急预报技术和海洋灾害风险评估技术得到示范应用。"十一五"共发布海洋国家标准和行业标准 86 项,专利申请比"十五"增加了 47.3%,专利授权增加了 70.9%。

4. 海洋科技能力建设跃上新台阶

海洋科技投入显著增加,极大地提高了海洋科技创新的软硬件水平。启动了国家深海基地建设工作;新增 6 个国家重点实验室,形成覆盖 9 个学科领域的国家(重点)实验室网络;海洋科学与技术国家实验室建设得以推进;新增国家工程技术中心 3 个、国家野外科学观测研究台站 4 个、涉海部委重点实验室 16 个、海洋科学考察和调查船 4 艘;大型科研设备装备全面更新升级;省级以上涉海洋科研和教学机构比"十五"增加了 24.8%,直接从事海洋科技工作的专业技术人员增加了 32.9%。

5. 海洋科技支撑经济发展能力显著提高

海洋科技与经济结合日趋紧密,初步建成产学研紧密结合的全国科技兴海技术支撑体系框架。沿海地区纷纷发布本地区的科技兴海发展规划,国家、地方和企业形成了科技合力,建设了一批国家和地区的科技兴海示范基地,实施了一批示范工程,壮大了一批海洋龙头企业,培植了一批海洋中小型高科技企业和海洋战略性新兴产业技术创新联盟;海洋科技成果的转化与产业化步伐明显加快,海洋科技对海洋经济的贡献率达到 54.5%;海洋高技术产业在海洋经济中所占比重逐年增加,加快了传统产业的升级改造,促进了海洋高端船舶装备制造、海洋石油勘探和海洋医药等核心技术的突破;保持了海洋战略性新兴产业快速培育和发展的势头,产值年均增速达 20% 以上,带动就业数十万人。海洋科技对海洋开发、海洋保护和海洋管理的支撑服务能力显著提升。

(三)存在问题

目前,我国海洋科技发展整体水平还不能适应国民经济和社会发展的需要,海洋科技自主创新和成果转化能力还不能满足增强海洋能力拓展的战略需求。海洋调查探测仍然不足,重点区域的持续性调查和观测研究不够,海洋重大基础研究与生态系统研究不深;海洋开发的关键核心技术自主化程度不高,深海技术亟待突破,海洋高技术的引领作用和产业化水平仍较薄弱;海洋科技资源利用仍需增强和优化,高层次创新团队和优秀技术人才队伍建设亟待加强,海洋科技领域的重大国际合作研究能力亟待提升。

二、指导方针、基本原则和发展目标

（一）指导方针

以邓小平理论和"三个代表"重要思想为指导,深入贯彻落实科学发展观,坚持深化近海、强化远海、拓展能力、支撑发展的海洋科技指导方针,以促进海洋经济发展方式转变为主线,以提高自主创新能力为核心,加强海洋基础性、前瞻性、关键性技术研发,着重提升海洋探测及研究应用能力和海洋资源开发利用能力,大力推进科技兴海,依靠科技创新驱动海洋经济发展,促进海洋综合管理更加有力,海洋生态环境更加健康,海洋公益服务更加优质,海洋权益维护更加有效,支撑海洋强国建设,使我国海洋科技水平尽快进入世界先进行列。

（二）基本原则

1. 需求导向,综合发展。以解决国民经济和社会可持续发展的重大问题和重大需求为导向,推进产学研用相结合、国家和地方相结合的体制机制创新,巩固军民结合、寓军于民的机制,从区域、领域和体系建设上形成综合协调发展的新格局。

2. 强化创新,扩大开放。注重原始创新,推进集成创新,加强引进吸收消化再创新。坚持改革开放,瞄准国际海洋科学前沿和国家战略需求,积极利用全球海洋科技资源,提高海洋科技的国际竞争力。

3. 政府引导,市场配置。以政府主导的科技计划和基地建设为引导,完善市场经济条件下的科技资源优化配置,突出系统创新,促进成果转化和产业化,培育和发展海洋战略性新兴产业,促进海洋产业升级和结构调整。

4. 全面部署,重点推进。通过管理创新和制度创新,统筹海洋基础研究、高技术研发和成果转化推广,统筹项目、基地和人才建设,前瞻部署海洋基础科学和高技术发展,引领基础学科的均衡发展,以重大专项和重点工程计划带动学科和领域发展,促进海洋科技的跨越式发展。

（三）发展目标

"十二五"期间,海洋科技发展的总体目标是:海洋基础研究水平和关键核心技术逐步进入世界先进行列,自主创新能力明显增强,海洋探测及应用研究能力和海洋资源开发利用能力显著增强,海洋综合管理和控制技术水平显著提高,海洋科技资源配置得到进一步优化,海洋科技仪器设备和装备条件显著改善,具有国际影响力的高层次的人才和团队建设取得明显成效,沿海区域科技创新能力显著提升,海洋科技创新体系更加完善,海洋科技对海洋经济的贡献率达到60%以上,基本形成海洋科技创新驱动海洋经济和海洋事业可持续发展的能力。

海洋调查实现新跨越,基础研究的原始创新能力增强。重要海域调查实现常态化,近海基本实现透明化,国际海域与极地考察国际竞争能力大幅提升,资源和生态研究实现新突破,基础学科体系得到完善和发展。科技论文数量比"十一五"增长8%以上,论文影响力显著提高。

海洋开发技术自主化实现大发展,专利申请增长30%以上,专利授权增长35%以上,技术标准体系进一步完善,科技成果转化率显著提高。前沿海洋技术取得新突破,重大工程装备关键技术产业化取得标志性成果,形成具有自主知识产权的产业技术体系。在沿海地区做大做强一批有影响力的海洋创新型企业,形成若干海洋高技术产业基地和科技兴海基地,不断完善科技兴海技术支撑体系,推动科技成果产业化、业务化进程,为培育和发展海洋战略性新兴产业提供支撑和引领。

海洋环境监测探测技术装备国产化水平显著提高,初步形成深远海环境监测能力,海洋预报技术实现精细化和全球化,海洋短期气候预测水平得到显著提升,对海洋管理、海洋环境安全保障、海洋能力拓展和应对气候变化的支撑服务能力显著增强。

到2020年,海洋科技总体水平跻身世界先进行列,基本形成与国民经济和社会发展相适应的海洋科技研究体系及创新人才队伍,基本形成覆盖中国海、邻近海域及全球重要区域的环境服务保障能力,自主创新能力显著增强,科技整体实力满足增强我国海洋能力拓展、支撑海洋事业发展、保护和利用海洋的需要。

三、重点任务

"十二五"期间,海洋科技发展的重点任务是:强化调查探测研究,突破开发关键技术,发展服务保障技术,加强生态保护研究,深化综合管理技术,健全科技创新体系,加强基地平台建设,培养造就创新人才,推动我国海洋科技自主创新发展,培育和支撑海洋战略性新兴产业发展。

(一)强化海洋调查探测研究,提高海洋认知能力

综合协调国家海洋调查活动,加强近海、重点区域和重点研究对象的常态

化调查观测,拓展深远海和极区的调查探测能力,加强重大科学问题的研究,推进我国"数字海洋"建设,基本形成辅助决策信息支撑能力,提高对海洋的认知和预测能力,为促进海洋经济发展和综合管理提供科学数据和信息支撑。

1. 海洋调查和探测

持续实施我国近海综合基础调查。重点开展低潮滩和潮下带、海岛及邻近海域的综合调查,内水和领海季节性综合调查,海草床、海藻场、红树林和珊瑚礁等生态系统调查,重点海区生物多样性调查,水下文物调查,海洋能资源调查,继续实施海洋地质保障工程,定期更新我国近海海洋资源环境状况的基础数据和基础图件,为海洋经济社会可持续发展提供基础保障。

实施我国管辖海域海洋综合调查,深入开展南海海洋环境资源的基础调查,继续加强国际海域和极地考察调查,积极参与"国际大洋探索计划",稳步推进深海钻探研究。开展重点区的环境调查,深入开展国际海底资源环境和南北极综合环境的调查,为深入了解海洋在气候变化中的作用、全球气候变化对我国的影响和国际海底的资源分布,保障海上通道安全等奠定基础。

2. 海洋基础研究

加强在海洋科学前沿和重要方向的部署,促进海洋科学分支学科的均衡、协调发展。重点支持海洋与气候、海洋生物多样性、海陆相互作用、海底深部过程等重大前沿问题研究;加强物理海洋、海洋生物、海洋地质与地球物理、海洋化学等优势学科建设;扶持工程海洋学、极地海洋学、海洋观测技术科学等薄弱和交叉学科形成与发展;重视科学与技术相结合的理论和方法探索,推动学科整体水平的提高。

围绕国家战略需求,突破一批重大关键科学问题。重点研究西太平洋海洋动力、海气、物理—生物地球化学等多尺度过程及其与高纬度区域相互作用,古海洋学记录与气候变化;我国近海陆源输入物变化与人类活动的沉积体系响应、陆架环流与物质输运过程、边缘海环境变迁的高分辨率记录等;关键基础地质问题海陆对比研究;海洋上层、深层海水和海底深部生物圈微生物的分布与控制因素,微生物与海洋碳、氮、硫、磷生物地球化学循环关系等;海洋生物多样性及其变化趋势、近海生态系统对全球变化的响应、近海环境变异与生态安全等;深水油气系统形成与构造和沉积过程、深海热液系统与成矿作用,天然气水合物形成机理及其环境效应、海底资源开发与利用的环境影响等;北极上层海洋过程和海洋环流系统及其在全球气候变化中的作用,北冰洋碳循环与生态系统变迁,南极冰架与海洋相互作用及生物多样性对气候变化的响应,南大洋碳、氮、铁的生物地球化学过程与南大洋锋面、中深层水团的演化历史,极区冰盖进退和上新世以来环境变化等,探索南极不同环境因素对人生理和心理作用的影响。

3."数字海洋"建设

开发多源多尺度时空海洋数据同化、融合、处理、集成应用和挖掘技术,海量数据快速传输、管理和安全保障技术,建设多学科、多类型海洋基础数据框架和重点海域的示范系统;研发基于地球球体的海洋数值计算模型和"数字海洋"系统集成与可视化技术,海洋场景及海洋现象的真实显示与动态仿真技术,海洋数据服务与共享技术;建设虚拟海洋环境平台,开发海洋信息产品,建立公众服务基础信息、海洋管理基础信息和海洋环境基础信息服务等业务化应用系统。

(二)突破海洋开发关键技术,培育战略性新兴产业

围绕海洋经济发展方式转变和结构调整的重大需求,以海洋生物资源、海水资源、可再生能源、油气资源、战略性资源为重点,突破重大核心技术,推进海洋开发技术由浅海向深远海的战略拓展,提升工程装备制造技术水平和产业化能力,发展具有知识技术密集、物质资源消耗少、成长潜力大、综合效益好等特征的海洋战略性新兴产业,促进海洋资源的高效、持续利用。

1.海洋生物资源开发与高效综合利用技术

发展深远海生物资源利用技术。重点研究大洋重要生物资源的分布、变动规律,开展南大洋生物资源综合考察与开发利用技术研究,研发主要远洋生物资源评估、信息服务技术及相关装备。

发展近海重要海洋生物资源保护与持续利用理论与技术,发展数字化、集约化的养殖技术。深化研究重要海水养殖生物的良种选育及扩繁、生殖调控及性别控制理论和技术,开发优质环保饲料,研发重大病害防治和环境调控原理与技术;研制适于水深20～40米海域自动化养殖设施与技术,研发海洋牧场建设和评估技术;建立现代海水健康养殖模式和深水底播等养殖示范基地,推进基于生态系统的海水增养殖技术体系建设,构建海洋食品安全控制技术体系并形成相关标准。

发展海洋生物产品精深开发的理论、技术与装备。重点开发基于功能基因、功能酶和活性物质等功效因子的生物材料和生物制品;研究海洋药物的成药机理和开发技术,开展细菌等微生物和微藻的开发利用研究并形成相关标准;建设国家级海洋生物医药产业园和海洋药谷,加快海洋医药和生物制品的产业化应用。

2. 海水资源综合开发利用技术

开发高效智能化的大型反渗透、低温多效海水淡化成套技术和装备,发展适于海岛的多能源耦合海水淡化装置,并在重点海岛建立示范工程;研发膜蒸馏、正渗透、膜膜耦合等海水淡化新技术和装备,深化海冰淡化技术研究,加快海水淡化的自主化和规模化;开展产业技术经济和政策性示范,实施海水淡化科技产业化工程,鼓励并支持沿海城市、海岛组织实施大规模的海水淡化产业化示范工程,促进海洋高技术产业园建设。

突破超大型海水循环冷却技术装备,开展与海水脱硫耦合、脱硫后海水资源化利用等新技术研究,研发大生活用海水高效预处理和后处理技术和装备,开展深海水开发利用研究,促进海水直接利用的规模化和环保化。

研发高效节能的海水淡化后浓海水制盐并联产钾溴镁锂、重水等化学资源的理论、技术与装备,研究高效吸附材料和提取方法,构建高效联产型海水化学资源利用技术体系并进行产业化示范。开展海水利用战略研究,绘制产业战略路线图,研究制定淡化水分类利用标准。

3. 海洋可再生能源开发与利用技术

开展近岸海洋可再生能源的资源分析和评估研究;研发适合我国海洋风能、潮汐能、潮流能、波浪能特点的发电装置,开发海岛多能互补独立供电系统并开展示范,构建具有集设计验证、样机试验和综合测试等多种功能的综合试验/检测平台;开展海洋生物质能利用关键技术研究与应用示范,研究温差能综合利用关键技术;研制海岛离网风电装备,突破离岸风电低成本、模块化、高可靠性等关键技术;逐步完善海洋能标准体系,加速海洋能产业化进程,形成海洋能产业体系。

4. 海洋油气资源勘探开发技术

开展海洋深水区和海底深层油气地球物理采集技术研究,发展具有自主知识产权的深水油气勘察技术;加强研发海底中深层复杂构造地球物理资料精细处理与解释技术、盆地模拟技术、资源综合快速评价技术等;研究精细油气藏描述和剩余油气分布规律、高效化学驱油体系及其配套技术、钻井压裂适度出砂技术、整体井网加密及综合调整技术等;形成 3000 米水深探查作业技术能力,开发适应于 1500 米水深油气资源开发的深水油气田开发工程技术及生产和保障配套技术,系统掌握深水工程核心技术,突破一批关键水下产品自主技术,发展深水工程地质调查与风险评价技术,建成深水工程海上试验基地与 1500 米深水油气田开发示范基地。

开展海洋天然气水合物新型能源探测、高保真取样以及资源评价等技术研究,完善我国海域天然气水合物综合识别技术方法体系;开展天然气水合物成藏、地球物理和地球化学异常机理、天然气水合物开发及环境影响等模拟技术研究。

5. 海洋工程及装备技术

深化研究深海探测技术与装备。加快实施"蛟龙"号 5000～7000 米海试,研制一批载人/非载人潜水器作业系统,开发重载作业型水下机器人技术与装备,实现国产化;大力推进深水油气生产作业装备、深海通用材料开发、基础件产业化开发,形成一批海洋装备设备工艺和技术标准;初步具备深海勘探开发重大装备的设计与制造能力,形成集开采、运载、作业、探测为一体的深海资源探查与开发的综合作业能力。

开发特种船舶装备技术。重点发展深海钻井船关键技术,大洋渔业船舶与装备关键技术,海上救捞作业船和深潜救助打捞作业技术及配套装备,新型游艇、大型海洋船舶发动机技术,完善相关标准体系,为提高特种船舶及工程装备制造能力提供技术支撑。

开发海洋及海岸工程技术。重点发展离岸深水港海工结构物建设技术,港口群建设海洋生态环境保护技术,海底隧道工程技术研究与示范,海上构筑物建造技术,海洋新材料及防腐、水下焊接技术等。

(三)发展海洋服务保障技术,促进深远海能力拓展

围绕海洋公益服务事业需求,形成近海现场实时、快速观测技术体系,拓展深远海的调查、观测能力,提高近岸海洋灾害精细化预报和全球海洋环境服务水平,为防灾减灾和海上安全保障提供有效支撑。

1. 海洋立体观测探测技术

突破近海环境观测关键技术。研发低功耗、小型化海洋生物和化学传感器,开发生态环境现场原位测量和水下自航行剖面测量技术;加强自主研发的卫星航空遥感、浮标、潜标、海底观测平台和装备的集成与应用,开展无人机监测监视、微波遥感、重要生态过程与生态区遥感遥测、海洋航空遥感监测等技术研究,形成重点区业务化海洋学研究示范系统;转化一批具有自主知识产权的仪器和装备,促进海洋观测仪器设备的产品化和国产化,促进海洋监测高技术产业发展,形成近海实时、快速观测能力。

发展极地遥感技术、极地测绘技术、天文观测技术、智能化新探测技术、连续地球物理观测技术及极地大气探测技术。

2. 海洋环境灾害预警报技术

加强海洋观测资料数据同化技术研究,开展海洋灾害成灾机理和近海近岸精细化海洋环境预报技术研究,重点研发近岸浪潮流耦合技术和河口与海岸带精细化漫滩数值模拟技术,重点海域风暴潮、海啸、海浪、海冰等灾害风险评估技术,海上溢油、海水入侵、海岸侵蚀等海洋灾害预警报技术;发展全球和区域海啸快速预警报、海洋地质灾害预测风险评估技术,开发海洋气候变化预测技术、海平面变化预测与评估技术,开发防灾减灾辅助决策支持及应急示范系统,发展沿海大城市应对气候变化关键技术。

3. 海上活动海洋环境安全保障服务技术

发展中国近海、重要国际海上通道及重点海域的实时海洋环境预报预警和导航服务技术;开发海上航线、海洋渔场和重要海上通道、重点区域的海洋环境信息服务技术,发展重点区域海上活动综合服务保障系统关键技术;发展近岸滨海旅游区及重大海洋工程等环境预报及服务技术,以及近海搜救应急预报和辅助决策系统;加强对海洋航运和物流关键技术的研究,发展多式联运系统的实时监控与无缝连接技术,开发航运与物流管理决策支持系统,完善管理系统及相关关键设备研制。

(四)加强海洋生态保护研究,推进人海和谐发展

围绕沿海开发与海洋生态保护协调发展的需要,着力解决制约海洋生态保护和修复的理论瓶颈,形成近海及海岸带生态系统健康评价、保护、修复和灾害控制技术体系及应用能力,推进基于生态系统的海洋管理,为促进海洋经济与生态系统和谐发展提供科技支撑。

1. 海洋生态健康维护

研究建立海洋生态系统的结构、功能、生产力和服务等指标体系并示范应用,加深对典型生态系统结构、功能、复杂性和稳定性认识,提高预测社会对海洋生态系统影响的能力,加强生物分类学研究与应用;建立气候与生态系统相关作用、海平面上升对生态系统影响、生物地理物种改变及影响、人类活动和资源开发的影响等分析评估方法;开发海洋生物扩散评价技术、跨多个营养层的动力模型、生态资本和服务价值评价技术、受损和退化生态系统监测与评估方法、区域生物多样性监测与评估技术等;加强海洋保护区网络化和海洋公园建设的关键技术研究;开发海洋生态网络建设技术;推进黄海、东海和南海大海洋生态系统监测与评价,加强在重点生态监控区的应用示范;从种群、物种和基因三个层次初步建设极地海洋生物多样性研究体系。

2. 海洋生态灾害防控与人体健康维护

深入研究赤潮、绿潮、水母和海星暴发等生态灾害控制关键因子、技术指标体系和风险预警技术，研发生态灾害高效防治技术；开发海洋外来生物入侵生态效应评估和防控技术，与人类健康有关的海洋病原生物流行特征与危害调查评价技术，海洋重要病原生物传播与暴发的预警预测与控制技术；研究突发性大型船舶溢油、油库溢油、石油平台溢油及化学品泄漏和核事故等对海洋生态系统影响的监控，以及事故处置、修复及赔偿评估技术；发展基于组学的海洋分子生物学检测方法，加强对新病原体、毒素和污染物的引入过程和影响研究，以及对人体健康风险、传染和流行、防治与控制的监测、评估和预报研究。

3. 海洋生态修复与污染控制

建立海洋生态修复重建技术体系、监测指标体系和效果评价方法，开发海岸带综合整治及海洋生境保护与修复的关键指标体系和技术标准；进一步加强对典型受损河口、海湾、潟湖、潮滩、海岛及海藻场、海草床、珊瑚礁与红树林等生态系统的修复示范；深入研究多源污染物入海定量评估模型和生态毒理学评价方法、新型污染物的分析与监测技术和评价基准、基于区域承载力的海域总量控制模型、基于近岸海域环境质量的流域污染总量控制技术等，并选择重点区域开展应用示范；研发适应新型工业化和临港、临海产业集群的海洋污染防控技术体系，建设海洋生态文明城镇。

（五）深化海洋管理技术，拓展海洋综合管理能力

围绕提高海洋综合管理和控制能力，维护和拓展国家海洋权益与战略利益，以及国际海洋事务发展的热点问题，开展海洋战略、海域划界、海洋与海岸带综合管理、海岸带空间规划、海岛开发与保护等理论和技术研究，构建基于生态系统的海陆统筹管理技术体系。

1. 海洋战略和海洋权益维护技术

开展海陆统筹、建设海洋强国、发展海洋经济、维护海洋权益、保障海上通道安全和拓展国际海域利益等重大战略问题研究，增强我国参与国际海洋事务的能力。开展海域划界关键技术研究，加强维护海洋权益的历史和法理研究；深入研究国际海洋事务热点问题的技术对策、公海资源开发保护对策、我国管辖海域资源开发与安全保障对策等；参与全球海洋环境状况评价、生物多样性保护、典型生态系统保护与监测、公海生物资源开发与管理等相关技术与法律制度研究，推进我国极地、大洋考察的法律和制度研究；突破管辖海域监控关键技术，实现部分装备国产化，推进海洋维权研发基地建设，提升海洋维权监控技

术能力。

2. 海洋/海岸带综合管理关键技术

深入研究海陆统筹的综合管理理论与技术方法、海洋/海岸带开发利用效率评价方法、海域使用动态监视监测技术、集约节约及高效用海关键技术、滩涂可持续开发利用关键技术、围填海综合环境效应评估体系、生态损害价值评估模型方法及政策、海域有偿使用管理及市场化建设关键技术方法等;加强基于生态系统的海洋功能区划理论体系、海域空间规划和海岸线资源优化利用理论与技术、海域使用与海洋产业空间优化布局的理论与技术、海域综合整治与修复理论与技术等研究;突破海岸变迁、河口泥沙、水下地形等高分辨率遥感监测技术,建立海岸带及邻近海区高分辨率遥感监测示范系统;研究海洋资源可持续利用的评估指标体系和方法。

加强气候变化对我国沿海地区的影响评估研究,开展基因多样性管理、海洋碳汇交易、环境综合承载力、生态系统服务市场化、海洋领域应对气候变化的适应性对策、海洋经济运行监测与评估技术、海洋产业发展的综合评价方法以及海洋经济宏观调控政策等研究。

3. 海岛开发与保护管理技术

开展海岛资源综合评价方法、海岛使用动态监视监测技术、海岛生态保护修复技术、基于资源环境的海岛分类保护开发模式、海岛适用可再生能源利用与淡水资源保护、低碳技术应用等研究;加强国际旅游岛资源可持续利用技术、海岛经济模式和资源环境承载力评估、特殊用途海岛和无居民海岛使用管理技术、重点岛礁动态监控技术等研究。

(六)健全海洋创新体系,优化海洋研发应用能力

以政府为先导,调动社会各方面海洋科技力量,建立海洋科技创新机制和体制。进一步推进国家海洋知识创新体系建设,大力发展海洋高新技术,积极构建不同层次的海洋技术产业战略联盟;加强科技兴海技术体系和平台建设,稳定海洋公益创新体系的队伍和研究应用体系;形成相互促进、相互合作、具有区域特点的联合研究基地,全面实施科技兴海,提高我国海洋科技的整体创新能力和国际竞争力。

1. 海洋公益事业科技创新体系

继续以公益性海洋科研机构和业务中心为主,充分调动高校和海洋管理机构等的科技力量,大力推进海洋公益性行业科研专项计划实施。通过财政稳定支持的海洋公益性科研和调查工作,建立系统持续开展科研工作的机制,建设

和稳定海洋公益科技创新队伍和平台,确保成果有效应用于海域和海岛管理、海洋生态保护、海洋防灾减灾、海洋权益维护等海洋公益事业领域。

2.海洋应用技术创新体系

大力推进以企业为主体的海洋应用技术创新体系建设。围绕海洋战略性新兴产业发展和区域海洋经济发展,充分利用国家、部门、地方的涉海科技基础条件平台,实施科技兴海工程,积极推动海洋产业技术创新战略联盟的构建与发展;建设一批海洋高技术产业基地,逐步形成技术集成度高、带动作用强、国家和地方结合、企业为主体的科技兴海平台和示范区网络,全面提高海洋科技成果的产业化能力;建设高效科技中介服务机构,创建区域性海洋科技中介服务中心,建立从国家到省市县的多层次服务网络。

3.海洋知识创新体系

充分发挥高等院校、科研院所在海洋基础研究方面的重要作用。瞄准若干前沿科学领域,坚持服务国家目标与鼓励自由探索相结合,加强国家实验室、国家重点实验室和省部级重点实验室建设和管理,实施海洋知识创新工程,建立开放式的海洋科学创新研究基地,提升海洋科学的原始创新能力。

4.区域海洋科技创新体系

进一步推进各具特色和优势的区域海洋科技创新体系建设。统筹规划区域海洋科技创新能力建设,组织实施区域海洋产业科技行动计划,联合发展一批区域海洋产业技术研发转化中心和孵化基地;进一步完善区域海洋生态与环境研究、监测、示范、推广基地和网络,形成合理的区域海洋科技创新平台布局,提高区域创新竞争力,促进区域协调发展。

(七)完善科技基础条件,提升海洋自主创新能力

围绕提升海洋科技创新能力、完善科技基础条件的迫切需求,积极推进海洋科技创新平台建设,强化海洋标准与检测服务的科技支撑能力,充分整合和共享海洋科技资源,持续加大中央和地方对海洋科技基础设施的投入,为海洋科技创新提供强有力的基础保障。

1.海洋科学研究试验基地

扎实推进海洋科学研究试验基地建设。推进国家深海基地、极地中型考察基地和国内基地、深海研究国家实验室、海洋科学与技术国家实验室、南方海洋科学研究中心的建设;组建3～5个跨学科、跨单位的重大科学创新基地,新建5～8个海洋科学国家重点实验室;支持沿海地区建设海洋科技研发中心、海洋装备和工程技术研究基地。加速海洋科研机构的合理布局,提升海洋基础科学创

新能力。

2. 海洋科技基础设施平台

加强海洋科技基础设施建设。本着资源共享的原则,启动建设 5000～1 万吨级的海洋科学钻探船,争取建造 2～3 艘 3000 吨级、1～2 艘 5000～6000 吨级的科学调查船,建造一艘 8000 吨级的极地破冰船;推动国家海洋调查船队制度建设,实现海洋调查船舶的开放与共享,促进我国海洋调查能力与水平的提高。

拓展完善我国海洋科学观测站,扩大观测范围和要素,建设一批长期、综合观测站点,并通过国际合作,在太平洋、印度洋共建 3～5 个综合海洋科学观测站和若干专业观测站;在近海典型海域建设 2～3 个大型综合科学试验场(区),启动深远海海上试验场建设,完善海洋仪器设备产品环境试验检测平台,搭建海洋可再生能源开发利用综合试验平台,形成满足海洋科学研究与工程技术检验试验需求的标准和示范;建设海上风电装备、极端条件水下仪器、海洋生物及其制品质量、游艇技术设备等检测中心。

3. 海洋科技条件平台

加快海洋科学数据公共服务平台建设,实现全面的、多层次的海洋信息资源共享与服务。继续完善海洋生物、海洋地质、极地、大洋样品等海洋自然科技资源共享平台建设,提升海洋自然科技资源平台共享能力;建立海洋污染监测样品库和标准库;推进大型海洋调查探测设备和分析测试仪器共享服务平台建设,逐步实现大型海洋仪器设备专管共用。

推进科技兴海基地和平台建设。新建 2～3 个国家级工程技术(研究)中心和 4～6 个国家科技兴海产业示范基地,推进国家海洋高技术产业基地和循环经济示范基地建设,争取构建 3～5 个区域海洋技术推广中心,加速海洋科技成果转化应用;采取技术联姻、知识共享、合作开发的方式,加快构建以企业为主体、市场为导向、产学研相结合的海洋产业技术创新战略联盟。

4. 海洋标准与检测

加强科技研发和标准制度的结合,推进具有自主知识产权海洋技术标准的研究和制定,进一步完善海洋行业标准体系。重点加强海洋资源勘探开发、海洋高新技术产业化、海洋生态环境保护、海洋循环经济、海洋调查观测和灾害预警报等领域的标准体系建设,建设海洋标准信息服务平台,推进海洋标准向国际化发展。

推进建立海洋仪器设备产品综合性能评价体系,完善海洋标准物质库建设,新建 1～2 个海洋技术产品质量监督检验中心,为海洋领域的科研、管理和科技成果产业化提供标准化支撑。

（八）培养壮大人才队伍，增强海洋科技竞争能力

围绕海洋人才发展战略，把培养、引进和用好创新型科技人才作为海洋科技创新的重要举措，建立符合科技人才发展规律的多元化考核评价体系，造就一支具有科技献身精神、德才兼备、结构优化、素质优良的科技创新人才队伍。深化海洋高等教育改革，强化海洋重点学科建设，加强海洋科技普及。

1. 创新型科技人才队伍建设

推进全国海洋科技人才队伍发展，确保海洋科技人才队伍总量稳步增长，重视高层次人才队伍建设，完善有利于创新人才涌现的政策环境，优化海洋科技人才队伍布局。继续实施海洋高层次创新人才培养工程和优秀海洋科技创新团队建设计划，实施泛海人才战略、海洋学者计划，建立健全科技人才考核评价体系，健全科技创新队伍组织管理模式。依托国际合作平台、重点实验室、技术研发基地和重大项目等，造就一批优秀的海洋科学家和技术专家，培养和引进一批高层次创新型海洋科技人才。依托部门与院校共建机制，重点培养复合型创新人才，支持组建一批跨学科优秀科技创新团队，完善海洋人才区域合作机制，推动建立跨地区的海洋人才交流合作联盟。壮大海洋工程装备技术、海洋资源开发利用、海洋公益服务专业技术、海洋管理和国际化海洋人才队伍。

2. 科技人员创新创业

大力推进创新型人才创业，积极推动海洋人才进入国家创新型人才创业扶持计划。重点依托海洋高技术产业基地和科技兴海基地、大学科技园、工程中心、行业协会等，每年扶持一批科技创新创业人才，鼓励其开展高校毕业生技能培训和创业培训。加大对企业建立博士后工作站的支持，培养创新型企业家和高级管理人才。加快成果转化人才培养，壮大海洋战略性新兴产业发展所需的工程技术、科技服务和产业化人才队伍。加强海洋战略性新兴产业领域创新团队建设，支持建立以企业为主体的产学研联盟、研发组织、技术平台和创新团队，为其提供共性技术研发、公益服务等方面的支持。

3. 海洋科技教育和海洋科普

努力建设1～2所国际先进水平的海洋院校，保持优势学科在国际的先进地位，强化具有国际主流水平的前沿学科建设，扶持交叉和新兴学科的发展，加强海洋工程技术、人文与社会科学学科建设。通过国家各类科技计划、海洋公益性行业科研专项等项目布局和经费支持，引导涉海院校在专业设置、课程选择等方面与海洋科技发展的需求紧密结合，加强科技人才的培养

和科普人才队伍建设。进一步推进部门间、省部间的高等院校共建,推行产学研相结合的教育模式,提升海洋职业教育和继续教育对海洋科技创新的支撑能力。

加强海洋自然博物馆、科普馆等海洋科普教育基地建设,建成舟山等若干海洋科技教育基地,丰富科普宣传载体、手段和途径。鼓励相关企事业单位和个人积极投入海洋科普事业,支持青少年积极参加海洋科普活动,打造科普精品工程,提高全民海洋意识。

四、实施重大工程和重大专项

以重点专项促进海洋重要领域实现跨越发展,具体包括:

(一)国际海域资源调查与开发研究

持续开展国际海域矿产资源、生物资源及相关海洋环境综合调查及评价,加强国际海域的基础能力建设,加大深海矿产资源勘查、开采、选冶等技术装备的研发力度,发展深海生物基因资源采集、保藏、提取、培养等相关技术,进一步提升我国开展国际海域资源调查与开发的技术保障水平。

(二)南北极环境综合考察

组织实施南极周边重点海域、南极大陆以及北极重点区域(含北极海域和黄河站)的环境综合考察与评价。掌握南北极环境的变化趋势及对全球气候变化的影响,揭示极地在全球气候环境变化中的作用,提高我国应对气候变化的能力。完善极地考察平台建设。

(三)海洋系列业务卫星研制

推进以海洋水色水温、海洋动力环境和海洋监视监测等3个系列卫星为主的我国自主海洋卫星与卫星海洋应用体系建设。发展定量化遥感技术、多源卫星遥感资料的融合技术、海洋卫星资料分发技术、遥感业务化应用技术和新遥感器应用技术。

(四)海洋防灾减灾技术集成与应用

针对海洋防灾减灾的重大关键技术瓶颈,全面开展海洋防灾减灾资源普查和海洋灾害风险综合调查评估研究,开展海洋防灾减灾技术集成,构建海洋灾害监测、预警报示范系统,开发海洋灾害预警报产品和海洋灾害决策服务系统,建立海洋灾害灾后恢复和评估技术体系。

(五)海上试验场建设

依托现有的资源与环境条件,整合国内的科研力量,加快推进国家级、开放型、可业务化运行的海上试验场的总体方案设计和试验场区工程设计;建成体系完备、资源共享、要素完整的试验场区,获取长期连续的海洋环境数据,形成要素完整的长序列数据库,并开展试验场区功能验证及应用示范。

五、保障措施

(一)强化组织领导,促进协调发展

加强规划纲要组织实施的领导,完善海洋科技工作的部门间协调机制,强化涉海部门和相关部门的协调与合作,巩固寓军于民、军民结合新机制,做好各类涉海科技计划的紧密衔接和规划实施的评估工作。沿海省市要切实加强海洋科技工作,制定本地区海洋科技规划和行动计划,并纳入本地区国民经济和社会发展规划中。做好沿海经济区域内与区域之间、地区与地区之间的协调与配合,推动形成部门、地方和社会团体共同实施规划纲要的良好氛围。贯彻落实建设创新型国家战略,深化海洋科技体制改革和制度创新,完善海洋科技项目立项机制和成果评价奖励制度,通过组织体系和制度创新,以重点实验室和科技兴海平台、基地为载体,按照创新链和产业链统筹各类科技资源,促进科学与技术、自然科学与社会科学、陆地研究与海洋研究的融合,不断强化和完善技术标准体系,提高联合攻关与集成应用的可持续创新能力,形成海洋科技全国"一盘棋"的良好局面。

(二)加大科技投入,提升保障能力

按照规划纲要确定的目标和任务,多渠道、多元化、多层次加大对海洋科技的投入。通过政府财政资金的合理配置和引导,建立以政府投入为引导,社会、企业、民间及外资等参与的海洋科技投入体系,引导社会资本更多投向海洋科技创新。实施分类支持政策,确保重点领域与重点项目的投入,有针对性地加强能力建设。稳定支持公益性、基础性、培育性的海洋科技研究与开发,加大支持节能减排、新能源、深海技术等代表长远需求方向的技术和产品研发,持续提

高对海洋基础科学创新的投入。沿海各级海洋、科技主管部门,要结合本地区实际,把解决海洋科技投入作为加强海洋科技工作的根本保障加以落实,有条件的地区要建立海洋开发研究专项资金。鼓励商业银行扩大对海洋高技术企业的贷款规模,鼓励民营资本投资海洋新兴产业,引导创投基金、风投基金投向海洋新兴产业领域。研究开展科技成果保险试点,探索设立高技术产业保险险种。

(三)营造创新环境,激励成果转化

深入落实国家各项自主创新政策措施,高度重视海洋科技创新工作的部署和落实,完善符合海洋科技发展规律的创新机制和激励政策,推动海洋高技术企业成为技术创新活动和创新成果应用的主体。努力营造"尊重知识、尊重人才、尊重劳动、尊重创造"的良好氛围,提升科技人员的主人翁意识和归属感。建立鼓励创新、包容失败的良好科技创新环境,保护科技创新人才的积极性。建立共享机制,提高各类海洋科技资源使用效率,大力推动建立国家海洋观测资料的共享机制,形成国家海洋数据共享平台。推进技术创新,进一步加强对海洋技术引进和消化吸收再创新工作的管理和引导,加强知识产权的创造、运用、保护和管理,建立自主知识产权衡量科技创新成果的评价机制,推动建立企业、科研院所和高校共同参与的产业技术创新战略联盟。引导和支持创新要素向企业集聚,完善海洋战略性新兴产业创业孵化环境,切实发挥企业家和科技领军人才在海洋科技创新中的作用,鼓励发展海洋科技中介服务,推进海洋新产品开发和新技术推广。

(四)加强国际合作,提高科研水平

进一步拓展国际海洋科技交流与合作的领域和范围,探索对国际开放的联合攻关和合作研究计划。巩固和加强同发达国家在海洋高新技术领域的合作,有重点地推进双边海洋科技合作,结合需求,探索新的合作方式,开拓新的交流领域。进一步加强与各国际和区域组织的海洋科技合作,通过更多地参与国际海洋科技前沿领域的研究,不断增强我国海洋科技的国际竞争力。

附录 2

全国科技兴海规划纲要(2008—2015 年)

(2008 年 8 月 29 日发布)

为全面贯彻落实科学发展观,指导和推进海洋科技成果转化与产业化,加速发展海洋产业,支撑、带动沿海地区海洋经济又好又快发展,依据《国家"十一五"海洋科学和技术发展规划纲要》、《全国海洋经济发展规划纲要》和《国家海洋事业发展规划纲要》,特制定《全国科技兴海规划纲要(2008—2015 年)》(以下简称《规划纲要》)。

一、现状与需求

(一)发展现状

20 世纪 90 年代初,沿海地区掀起了科技兴海热潮。经过十几年的发展,科技兴海工作取得了很大成绩,加快了海洋科技成果转化和产业化,增强了开发利用海洋资源的能力,促进了海洋经济快速发展。

1. 推进了一批高新技术的转化应用,提高了海洋开发意识。国家和地方大力推进海洋生物资源开发、海水综合利用、海洋油气和矿产资源勘探开发、海岸带资源环境保护等方面的科技攻关,开发并转化了一批高水平的技术成果和产品,取得了显著的经济效益,调动了沿海地区开发海洋、发展海洋产业的积极性。

2. 实践了多种产学研紧密结合的科技兴海模式,加快了海洋科技进入经济主战场的步伐。通过示范引导,推动企业、高等院校、科研院所等联合开展科技兴海工作,先后建立了 16 个全国科技兴海示范基地、8 个技术转移中心以及 28 个省级示范基地,培育了一批海洋龙头企业,显著提高了技术开发、转化、咨询和服务能力。

3. 促进了传统产业优化升级,培育和发展了新兴海洋产业。水产养殖、加工等产业快速发展,渔业结构得到优化,盐业产品逐步多样化,交通运输业国际竞争能力明显增强。海洋油气、海水利用及海洋生物医药等产业不断发展壮大,在海洋产业中的比重逐年增加,有力地促进了沿海地区产业结构调整。

4. 推动海洋经济持续快速增长,增加了就业人数。2001 年到 2007 年,海洋生产总值从 9301 亿元增长到 24929 亿元,占国内生产总值的比重从 8.48% 增长到 10.11%,海洋经济在国民经济中的地位进一步突出;海洋经济布局和产业结构进一步优化,同时拉动了沿海地区劳动就业的稳步增长。

但是,从总体上看,科技兴海工作还不能适应海洋经济发展的形势和需要,仍存在一些突出问题:缺乏总体部署,尚未形成科技促进海洋经济持续健康发展的长效机制;科技对海洋经济贡献率小,关键技术自给率和科技成果转化率低,部分领域的成果和专利转化率不足 20%;高新技术产业比重较小,企业作为技术创新的主体地位尚未形成,科技转化与服务平台不够完善,海洋高新技术产业人才短缺;科学开发利用海洋、有效促进开发与保护相协调的能力相对较弱。

（二）发展需求

科技兴海已进入一个新的历史阶段,机遇和挑战并存。世界已进入全面开发利用、合理保护和科学管理海洋的时代,依靠科技成果转化应用和产业化,推动海洋经济发展,促进生态系统良性循环,加强海洋管理已经成为沿海国家的重要任务。我国已进入大规模、多方式开发利用海洋以及推进海洋经济发展方式转变的新时期,发展海洋经济对于促进东部率先实现科学发展、和谐发展的作用更加突出。促进海洋经济的又好又快发展,需要从资源依赖型向技术带动型转变、从数量增长型向生态安全和产品质量安全型转变、从分散自发型向区域统筹型转变、从规模扩张向增强核心竞争力转变;需要推进海洋开发从浅海向深海发展,加速海洋高新技术产业化,不断催生海洋新兴产业,保护海洋生态环境,协调区域海洋产业布局。这些都对科技兴海工作提出了新的更高要求,迫切需要作出规划与新的部署。

二、指导思想、基本原则和发展目标

（一）指导思想

以邓小平理论和"三个代表"重要思想为指导,全面贯彻科学发展观,切实落实"实施海洋开发"和"发展海洋产业"的战略部署,以建设海洋强国为目标,以促进海洋科技成果转化和产业化为主线,以推动沿海地区海洋经济发展为重点,坚持"加快转化,引导产业,支撑经济,协调发展"的方针,增强海洋资源与生态环境的可持续利用能力,提高海洋管理与安全保障水平,促进海洋产业结构优化和发展方式的转变,提升海洋经济的发展水平。

（二）基本原则

1. 政府引导、市场驱动。以国家目标和市场需求为牵引,国家和沿海地区各级政府引导,逐步完善海洋技术创新体系和市场机制,推动企业技术创新主体地位的形成,提升科技支撑、引领海洋产业发展的能力。

2. 统筹协调、优化配置。注重海洋科技成果产业化的区域协调和阶段衔接。优化配置跨区域、跨学科和跨部门的海洋科技资源,构建政府—企业—高校—科研院所—金融机构结合、海陆统筹、区域合作的科技兴海模式。

3. 集成创新、持续发展。大力推进海洋高新技术成果集成创新和产业化,提高成果的转化率及其效益;加速海洋公益、海洋管理技术推广应用,着力保障和改善民生,实现海洋经济和海洋生态环境协调发展。

4. 示范带动、整体推进。通过示范工程和基地建设,培育优势产业和特色产业,提高支柱产业核心竞争力,辐射带动海洋产业向优势区域集聚,延伸完善产业链,整体促进海洋产业可持续发展。

（三）发展目标

1. 总体目标

到 2015 年,海洋科技促进海洋经济又好又快发展的长效机制初步建立,科技兴海布局合理,海洋产业标准体系较为完善,科技成果转化率提高到 50％以上,取得一批海洋产业核心技术,培育 3～5 个新兴产业,培育一批中小型海洋科技企业;以企业为主体的科技创新体系初步形成;海洋公共服务能力显著提高;海洋产业竞争力和可持续发展能力显著增强;海洋开发利用与海洋生态环境保护协调发展;科技进步对海洋经济的贡献率显著提高。

2. 区域目标

到 2015 年,基本形成适应区域海洋科技能力和沿海经济社会发展需求、具有区域特点、国家和地方及企业相结合的科技兴海平台。环渤海和长江三角洲地区,形成以中心城市为载体的海洋科技成果转化、产业化和服务平台,以及辽宁"五点一线"、津冀沿岸带、山东半岛城市群、长三角城市群构成的科技兴海网络,加速海洋高技术产业集聚、辐射和扩散,营造海洋科技实现梯度转移的良好环境;珠江三角洲地区和海峡西岸经济区发挥区域和政策优势,形成特色的海洋高技术成果转化和产业化基地;北部湾经济区和图们江口区形成接应基地。

三、重点任务

（一）加速海洋科技成果转化，促进海洋高新技术产业发展

围绕海洋产业竞争能力和发展潜力，优先推动海洋关键技术成果的深度开发、集成创新和转化应用，鼓励发展海洋装备技术，促进产业升级，培育新兴产业，促进海洋经济从资源依赖型向技术带动型转变。

1. 优先推动海洋关键技术集成和产业化

海洋渔业技术集成与产业化。开展海水增养殖、生物资源保障、远洋渔业等技术成果集成与转化，重点加强优良品种培育、病害快速诊断及其综合防治、渔业资源评估及可持续利用等关键技术的成果转化。扩大环境友好型养殖、深水抗风浪网箱养殖、水产品质量安全保障等技术的应用规模；推动海洋水产品加工、贮藏、运输等关键技术应用，以及环境友好型捕捞装备和现场综合加工技术开发。

海洋生物技术集成与产业化。重点开展生物活性物质、海洋药物产业化以及海洋微生物资源利用等技术成果转化，建立有效的海洋生物化工、制药物质质量标准评价体系，推广海洋药物、功能食品、化妆品、海洋生物新材料及其他高附加值精细海洋化工和新型海洋生物制品成果。

海水综合利用产业技术集成与产业化。重点开发应用海水淡化技术，大力推进工业冷却用水、消防用水、城市生活用水、火电厂脱硫等的海水直接利用技术应用规模，开展海水化学资源利用技术集成转化，抓好海水综合利用大规模示范工程，带动海水利用产业快速发展。

海水农业技术集成与产业化。重点开展蔬菜、观赏植物等野生耐盐植物的规模化栽培工艺、改良技术和产品综合加工利用技术转化；建立海水农业新型种植模式、海水灌溉技术和海岸滩涂开发利用生态化示范工程，通过技术集成和示范，构建滩涂海水生态农业产业化开发体系。

2. 重点推进高新技术转化和产业化

海洋可再生能源利用技术产业化。强化海洋可再生能源技术的实用化，开展潮汐能、波浪能、海流能、海洋风能区划及发电技术集成创新和转化应用。重点发展百千瓦级的波浪、海流能机组及其相关设备的产业化；结合工程项目建设万千瓦级潮汐电站；鼓励开发温差能综合海上生存空间系统；推广应用海洋生物质能技术，建设海洋生物质能开发利用试验基地。

深（远）海技术应用转化。重点支持深（远）海环境监测、资源勘查技术与装

备,深海运载和作业技术与装备成果的应用;推进深海生物基因资源利用技术开发及产业化;开发多金属结核、结壳、热液硫化物开采技术和装备;形成具备深(远)海空间利用技术的集成与服务能力的国家深海开发基地。

海洋监测技术产业化。开展海洋生态环境监测技术产品的稳定性试验与成果推广,推进监测设备和检测标准物质制备产品化与标准化;突破海洋动力环境监测设备的关键技术,提升国产海洋监测仪器设备的可靠性和稳定性,形成模块化、系统化和标准化的产品以及稳定发展的产业,并推向国际市场;集成应用海底环境监测技术,逐步形成技术服务能力。

海洋环境保护技术推广。开发海洋污染和生态灾害监测、分析、治理技术产品,开展溢油、赤潮、病害防治等海洋污染应急处置技术产品的应用推广;开发海洋仿生技术产品,重点开展海洋仿生监测和示踪技术的研究与开发,发展环境友好型的海洋仿生设备、建筑材料、化工材料以及具有特殊功效的纺织材料等。

3. 鼓励海洋装备制造技术转化应用

海洋油气勘探开发装备制造技术成果应用。开发具有自主知识产权的新型平台、适合深水海域油气开发的深水平台、油气储运系统、水下生产系统等海洋石油开采装备技术产品;加快海上油田设施的监测、检测、安全保障和评估技术的开发和应用。

船舶制造新技术开发和转化应用。重点开展超大型油船、液化天然气船、超大型集装箱船、滚装船、海上浮式生产储油装置、游轮(艇)等船舶的研发,加大对船舶共性技术、基础技术和关键配套产品的开发和应用。

海洋装备环境模拟和检验技术开发服务。重点开展海洋用大型探测仪器、深水作业设施、分析监测设备和海上作业辅助设施等的环境模拟、检验和服务。

(二)加快海洋公益技术应用,推进海洋经济发展方式转变

围绕海洋生态环境保护与开发协调发展,重点实施节能减排、海洋生态环境保护与修复、基于生态系统的海洋管理等技术集成开发与应用推广,形成海洋管理与生态环境保护技术应用体系,不断提高海洋保护和管理水平。

1. 节能减排关键技术转化应用

海洋渔业节能减排关键技术集成与应用。大力推广水质净化、节水节能关键技术,积极推广环保型优质饵料,开发渔船、网箱的节能设施,集成推广污物资源化利用技术,建立海洋渔业对海域污染及能源消耗的控制模式。

海洋工程和船舶节能减排技术集成与应用。重点实施港口、油气平台、人工岛等工程建设的节能减排技术和装备的应用,集成和推广海洋工程设施的污

染物在线实时监测、控制与净化处理技术及产品。加快船舶节能减排技术和装备的转化应用。

沿海城市公共性节能排放技术集成与应用。开发电厂和其他大型工业流程二氧化碳捕获技术和海上封存等实用技术,研制并应用塑料替代产品和替代技术,集成推广陆源污水的离岸排放技术;推广应用城市建筑垃圾、航道疏浚泥等垃圾资源化利用技术。

2. 海洋生态保护、修复技术集成与应用

生态资源评估技术开发与应用。引进消化并开发一批生态评估与管理系统,建立海洋生态资产评估技术体系,实施关键海域的生态资产评估,摸清我国近海生态和资源现状;开发海岸带生态系统风险评价与管理技术,提高海洋综合管理水平。

海洋生态系统保护和修复技术开发与应用。集成转化海洋生物资源恢复、濒危物种保护的技术,重要原良种种质保护技术和兼捕物控制技术;推广保护区网络构建技术,实施海洋珍稀濒危物种保育工程。开发生态综合修复工程技术与模式,开展受损的滨海芦苇湿地、红树林、海草床、珊瑚礁、河口、海湾、潟湖等典型生态系统修复和功能恢复;推广应用外来入侵生物控制技术。集成应用海陆协调的环境污染治理、突发性污染事故生物治理、海洋灾后恢复等工程技术。

3. 生态化海洋工程技术的集成应用

海岸带人工生态景观建设工程技术推广应用。集成应用滩涂围垦、滨海公路网络、河口和低洼岸段海塘等生态景观式人工海岸建设模式与海岸线科学化利用的相关技术,推进重大生态型工程、宜居型海上城市建设。

海岛生态工程建设技术开发与应用。开发推广"风能产电—海水淡化—植被绿化—岛屿生态"等科技兴岛模式;加强岛屿周边海域生物资源保护与可持续利用技术,推进无人岛及周围海域的资源调查、勘探与评价,综合集成应用重大自然灾害应急技术等。

4. 海洋生态化管理技术开发应用

以生态系统为基础,构建海洋生态化管理技术体系。重点开展海洋生态系统健康和完整性评价、生物多样性保护、污染物入海总量控制、海域综合承载力评价和利用、海域使用监控和效能评估、生态补偿管理等技术的开发应用;加强遥感、信息等高技术在管理中的应用。

(三)加快海洋信息产品开发,提高海洋经济保障服务能力

围绕海洋开发的生态环境和生命财产安全,集成海洋监测、信息、预报等技

术,形成业务化示范系统,为海洋工程、海洋交通运输、海洋渔业、海洋旅游、海上搜救、海洋管理等提供各种信息服务系统和产品,推动海洋信息产业发展。

1. 开发海洋工程环境服务产品

重点开展海洋工程开发环境分析评估产品;开发适合海上作业所需的深海区海底地形地貌、工程地质环境可视化产品;支持重大涉海工程的海洋环境物模实验、数值模拟以及环境场试验;形成海洋环境灾害和海洋工程地质评估能力和产品;开发海洋工程腐蚀、污损、疲劳度等在线监测、安全评估与控制技术。

2. 开发海洋交通和渔业的环境服务产品

重点开发中国近海、重要国际海上通道及重点海域的实时海洋环境预报预警和导航服务产品、船舶压舱水检测及在线处理产品、渔情监测预报、渔业资源评估等海洋捕捞渔业服务系统。

3. 集成开发海洋灾害监测预警产品

重点开发沿海海洋灾害监测预警、海洋气候和极端海洋天气过程预测、海洋灾害频发区和脆弱区海洋灾害风险区划与评估产品,建立风暴潮、赤潮、溢油、海冰、海啸、海平面上升等海洋灾害应急管理辅助决策支持系统。

4. 优化开发管理决策支持服务产品

重点开发区域海洋环境容量、区域海洋承载能力评估及实用服务系统,优化并综合应用海洋过程和社会经济模型,开发关键海湾环流与水质预报、海洋污染预报及其损害评估、典型生态状况及脆弱性和适应性评估、气候变化对沿岸生态环境影响预测及评估、海砂资源评估等海洋资源环境管理决策支持产品。

5. 开发特定目的的海洋信息服务产品

开发涉海休闲、旅游、运动的环境预报产品;进一步拓展深海与极地海洋活动的环境保障服务领域;增强海上搜救应急预报,失事目标(人、船舶等)的漂移路径、搜寻范围的预报以及搜救行动的海洋环境预报等。

(四)构建科技兴海平台,强化科技兴海能力建设

充分利用国家、部门、地方的涉海科技基础条件平台,结合企业的科技开发基地和试验场,根据科技兴海区域发展目标和科技能力,建设一批成果转化与推广平台、信息服务平台、环境安全保障平台、标准化平台和示范区(基地、园区),形成技术集成度高、带动作用强、国家和地方结合、企业逐步为主体的科技兴海平台和示范区网络。

1. 成果转化与推广平台

以国家和省（部）级重点实验室、工程中心为依托，以地方科技转化机构、企业科技开发基地和试验场等为主体，发展建设 11 个国家级、30 个省（市）级海洋科技成果公共转化平台和若干专项成果转化基地。重点领域包括海洋生物工程、海水综合利用、现代海洋装备以及海洋仪器实验等。各省区建立海洋科技推广服务体系，鼓励社会团体、科研院所、高校、企业和中介组织参与海洋科技创新成果推广应用，支持海洋科技成果推广中介机构、培训机构、技术推广站的发展。

2. 信息服务平台

充分利用现有的海洋科技条件资源信息网络，建立信息共享机制，搭建与海洋经济发展需求相适应的科技兴海信息服务平台并实现业务化运行。重点建设科技兴海技术和海洋产业信息服务平台、海洋科技交易服务平台、海洋经济环境保障公共信息服务平台、海洋经济决策辅助平台等。建设 1 个国家级平台、3 个区域级平台、11 个省（部）级平台及若干专业化信息服务平台。

3. 环境安全保障平台

在优化现有的海洋环境监测和观测站的基础上，重点建设海洋开发活动和经济活动区及重大工程区的监测平台，利用监测观测信息传输网络和支撑决策的信息采集系统和网络，构建适于海洋开发和海洋产业发展的环境安全保障平台，形成支撑决策的信息采集系统和网络。在重点河口区、重点养殖区、大型海洋工程实施区、产业聚集区等，与国家和地方海洋监测网络统筹协调，建设区域性长期立体观测系统，以及重点经济活动区的固定断面与固定点的长期生态环境观测平台。

4. 标准化平台

以海洋标准化体系为基础，按照科技兴海的重点领域和布局，构建国家和区域两级科技兴海标准化平台网络。重点建设海洋资源勘探开发、海洋高技术产业化、海洋循环经济和海洋生态环境保护与管理等技术标准体系，强化海洋标准化培训和推广应用。建设 1 个国家级、3 个区域级平台。

5. 基地、园区

建立一批具有辐射带动效应的科技兴海示范区、园区和基地，并随着科技兴海工作的不断深入，逐步扩大领域和范围。重点是海洋高技术产业化园区、海洋循环经济示范区、海洋经济可持续发展模式示范、海洋高新产业链延伸和产业集聚区。

（五）实施重大示范工程，带动科技兴海全面发展

按照科技兴海的总体目标和海洋产业的发展需求，通过多种投资方式和强化投入，实施科技兴海专项示范工程，带动沿海地区科技兴海工作全面发展，促进海洋经济向又好又快发展方式转变。

1. 海洋生物资源综合利用产业链开发示范工程

结合海洋生物制品产业园区建设，建立1～3个技术集成、装备配套、产业衔接的海洋生物资源综合利用产业链示范工程和发展模式。开发以大宗水产品为原料的海洋功能食品、生物材料、精细化工制品、生物活性物质和海洋药物的综合利用技术，优化水产品精深加工及水产加工废弃物综合利用配套工艺和装备技术，构建具有自主知识产权的海洋生物资源综合利用关键技术体系，提高水产品精深加工装备制造能力和海洋生物资源产业化能力。

2. 海水综合利用产业链开发示范工程

通过10万吨级海水淡化与综合利用技术装备研发转化，结合缺水城市临海、临港区建设，重点示范海水循环冷却、海水淡化及浓盐水的综合利用技术，优化海水预处理、防腐蚀及防生物附着、设备配套、膜或热源高效利用等工艺技术。建设海水综合利用产业链区域示范工程，构建具有自主知识产权的海水淡化与综合利用关键技术体系，构建技术应用—装备产业化—产业链示范相互促进的海水综合利用产业链发展模式，提高海水淡化装备制造能力和产业化能力。

3. 海水养殖产业体系化综合示范工程

结合沿海区域海洋生态和经济发展特征，重点开展海水养殖育种和良种扩繁、高效无公害饲料生产、高效低毒药物和免疫制品生产、病害综合防治和产品质量控制等技术开发，并针对工厂化海水养殖、离岸网箱养殖、滩涂和浅海增养殖，建立5～6个海水养殖产业体系化示范工程，发展环境友好型养殖模式，促进海水养殖技术升级和产业良性发展。

4. 海洋装备制造业技术产业化示范工程

在沿海地区具有技术能力和转化条件的城市，建立海洋油气开发工程装备、海底管线电缆铺设维修装置的产业化基地，开展海洋油气资源勘探、深海作业、通讯导航船用电子仪器、机电设备等技术的中试，建立产业化示范工程，推动产业化进程。

5. 海洋监测技术应用示范工程

对已经形成的海洋监测技术装备成果进行产品定型和产业化技术开发，在

北部海域、东海、南海的适宜海域,建设区域海洋监测示范系统,开展业务化运行示范与评估,全面应用和业务化运行调试各类监测技术产品,并在沿海地区形成应用示范区,形成1～3个海洋监测技术成果转化和产业化基地,促进海洋监测技术产业化。

6.循环经济发展模式示范工程

以减少资源消耗、降低废物排放和提高资源利用率为目标,选择典型临海工业园区、海岛经济区、海洋旅游区,依托有关地方政府和海洋油气、化工、临海电力等重点行业相关企业开展试点,建立示范工程,探索循环经济发展模式。对于海洋开发过程中产生的废弃物(如疏浚泥等),开展综合利用示范,探索建立海洋资源循环利用机制和海洋资源回收利用体系。

7.海洋可再生能源利用技术示范工程

在条件适宜的海岛和滨海地区,建立海洋可再生能源开发利用技术的试验基地和示范工程,重点开发风能、潮汐能、波浪能、海流能发电和相关配套装备技术,提高能量转换效率及抗台风能力,建立高效多能互补发电示范系统,集成示范边远海岛和滨海地区通电保障系统。筛选高效海洋能源生物,建设产业链示范工程。

8.海洋典型生态系统修复示范工程

选择典型海洋生态系统,建设3～5个生态修复示范工程,并在对自然资源、生态系统和主要保护对象影响评价的基础上,建立生态旅游示范模式。重点包括建立滩涂生态系统修复示范区,集成示范、推广耐盐植物修复技术;建立滨海湿地、红树林和珊瑚礁生态系统修复工程,实施退化区原位修复和异地修复技术开发和综合示范;建立功能衰退的养殖生态系统修复示范工程,综合示范应用养殖容量控制、人工鱼礁和海藻床建设等。

四、保障措施

(一)加强组织领导,建立科技兴海长效机制

由国家海洋局、科学技术部牵头,吸收有关涉海部门组成全国科技兴海领导小组,建立健全全国科技兴海工作领导机制,全面落实《规划纲要》,推进各涉海部门逐步建立起规划协调和管理有效的运行机制,有机衔接《规划纲要》与海洋科技规划和经济规划的行动部署,定期召开科技兴海经验交流会,举办科技兴海成果展览会。各沿海地区在当地政府领导下,根据《规划纲要》制定本地区的科技兴海规划或行动计划,并纳入本地区的国民经济和社会发展规划,认真

组织实施。同时,建立科技兴海规划实施监测和评估制度,完善科技兴海规划实施评估的指标体系、监测体系和考核体系。全国和各沿海地区要定期发布科技兴海公报,逐步形成科技兴海管理和科技为海洋经济服务的长效机制。

(二)优化政策环境,建立产业发展激励机制

研究制定海洋技术、产业政策和相关配套制度,发布科技兴海关键技术和产品目录,重点鼓励和支持海洋技术创新和自主知识产权产品开发。进一步改善促进海洋高技术企业发展的税收政策。引导和支持创新要素向企业集聚,建立海洋技术(知识产权)评估机制,支持产学研联合开展技术引进消化吸收再创新。加大政府采购对海洋自主创新的支持力度。完善政府采购技术标准和产品目录,对重要海洋技术创新产品实施政府采购,对于需要研究开发的重大海洋技术创新产品或技术实行政府定购制度。在政府采购中规定采购海洋产品的合理比例。进一步增强全民的海洋意识,强化海洋文化建设,创建科技兴海的社会环境。

(三)强化融资引导,建立多元资金投入机制

发挥国家财政的引导作用,鼓励和引导地方财政、企业和社会加大对科技兴海的投入力度,推进多元化、社会化的科技兴海投入体系建设,有效形成政府资金和市场资金的对接。国家海洋局和科学技术部进一步加大对科技兴海项目的支持力度,相关计划向科技兴海项目倾斜支持。沿海省市要设立科技兴海专项资金,海域使用金要按一定比例重点支持科技兴海;鼓励设立创业风险投资引导基金。充分利用科技型中小企业技术创新基金,对海洋科技型中小企业重点支持,鼓励和引导企业自主创新。促进政策性金融机构建立和完善对海洋高技术产业化项目的支持机制,积极探索科技兴海风险投入机制。

(四)加快人才培养,完善成果转化市场机制

加强海洋高技术产业化人才和团队培养,加速海洋科技成果转化和产业化人才队伍建设;采用多种方式,支持企业培养和吸引创新人才;营造宽松环境,鼓励人才流动;鼓励科技人才采取技术入股等方式与企业进行长期合作;建立有利于激励海洋科技成果转化及产业化的人才评价、知识产权保护和奖励制度。建设以海洋高新技术评价、论证、中试、中介、推广为主要职责的高效中介服务机构。面向企业和市场,建立以科技成果转化、技术咨询、技术交易、人才和信息交流等为主要内容的多层次服务网络,创建区域性海洋科技服务中心,

为海洋新产品开发、新技术推广、科技成果转化等做好科技中介服务。

（五）加强合作交流，形成国际合作促进机制

利用多种渠道吸引国际金融机构、外国政府贷款和境外大企业、大财团采取各种合理方式，投入我国海洋开发和基础设施建设。鼓励海洋企业全面开拓海外市场，稳步推进海洋企业到海外进行战略性投资，积极引导和支持海洋企业建立海外研发机构，鼓励海洋企业加快国际化经营，参加国际技术联盟。积极开展国际合作和技术交流，形成内外结合、相互促进的发展机制。

附录3

海洋技术政策要点

（1993年2月18日发布）

海洋是生命的摇篮，自然资源的宝库，国际政治、经济、科技、文化交往的全球通道。我国管辖海域是我国国土资源的一部分，是我国经济建设实现发展战略目标的资源依托之一。增强全民族的海洋意识，重视开发、利用和保护海洋，发展海洋经济，对实现我国的四个现代化具有重要意义。

开发利用海洋必须依靠科学技术的进步，海洋技术必须面向海洋开发利用的主战场。我国已有一支学科比较齐全的海洋科技队伍，在海洋学研究、海洋资源开发、海洋工程设计、装备研制等方面取得了许多成绩。但是，目前技术装备落后，缺乏统一规划和管理。因此，国家要引导海洋科技队伍形成整体力量，重点发展海洋探测和海洋开发适用技术，有选择地发展海洋高、新技术，并形成一批相应的产业，适当安排重大海洋基础研究，使我国海洋科学技术在本世纪末逐步接近世界先进水平，以满足开发海洋资源、保护海洋生态环境和维护我国海洋权益的需要。为此，特制定以下技术政策：

一、采用新技术开展海洋测绘和综合调查

——发展海洋调查新技术，其中重点是高精度定位系统、多波束测深系统、多卜勒剖面测流系统、激光海底表面测定系统、水下数据传输和遥控系统、海洋重力和磁力测量技术，提高其精度、效率和自动化水平，满足海洋调查、特定海

区和极地考察的需要。

——利用先进技术建立海洋大地控制网,开发、引进先进的海洋测绘仪器,建立海洋测绘数据库,逐步实现海洋测绘、海图绘图自动化。

——加强主要河口、海湾以及我国大陆架的观测和调查,系统整理、编绘、出版近海海洋工程及海洋环境的资料和图集,进一步加强对西北太平洋台风和南海台风发生规律的综合研究,加强辽东湾冰活动规律及其对海上石油工程设施危害的研究。

——参加海洋与气候、大洋环流、深海钻探等重大国际合作研究项目,适当开展极地和南大洋考察。

二、完善海洋监测和公益服务系统

——应用电子、空间、信息等领域的新技术改造海洋和公益服务系统,发展海洋预报新技术、新方法,建立并完善中央和地方相结合的海洋灾害预报服务系统,提高预报的时效和准确率,使海洋灾害所造成的损失明显减少。

——实现全国海洋验潮站的业务联网;完善近海浮标网和污染监测网,更新改造观测船舶;发展海洋遥测和遥感技术,开展水下声层析技术研究,形成以航天航空遥感为主的立体监测和信息传递系统。

——扩充和完善海洋预报数据库,发展数值诊断和数值预报模式,实现海洋预报方法的客观化和科学化,预报手段的自动化和系统化,以及预报产品的多样化。

——重点发展风暴潮、海浪、海冰、地震海啸、赤潮、海上大风和台风等预报、警报技术,建立海洋灾害防御体系。

——发展海上油气开发、船舶最佳航线选择、渔场环境等专项海况预报技术,为海洋开发提供优质预报服务。

——开展深海声道和强切割地区水声基本特性及深海海洋环境噪声场特性的观察研究。

——发展现代化的海洋信息服务系统,建立具有数据结构合理、信息贮存密度高、方法先进、功能完善、应用方便的海洋数据库和专家系统,有重点、有针对性地与主要用户建立数据通道系统和资料交换业务,提高服务的综合性和智能化水平。

三、保护海洋生态环境

——加强对临海城市和临海工业、海上船舶和油田等重点污染源和严重污染海区的监测监视。研究和推广投资少、效果好的各种主要污染物防治技术,对重要污染海区实行污染物总量控制制度。分期分批治理污染海区,使三分之二以上的沿岸海域环境到本世纪末进入良好状态。

——优先研究近海敏感海区的环境容量、污染物入海通量和环境质量平衡模式,建立健全适合我国国情的海洋环境质量标准,逐步提高海洋环境管理的科学水平。

——重点发展近海溢油防控技术、环境恢复技术,尽快建立海洋溢油应急处理系统。重点开展高效有机污染防治和预报技术、方法的研究,有效地防治赤潮灾害。

——海上倾废要贯彻兼顾经济效益和环境效益的原则。选划海上倾废区要考虑海洋的自净能力,并根据跟踪监测结果适时加以调整。

——逐步查清我国海域濒危生物种类、数量、生态特征,发展拯救濒危海洋生物和科学技术,继续加强濒危海洋生物保护区的建设。加强对禁渔区、禁渔期、珍稀海洋生物保护区、幼鱼繁殖保护区的科学研究和管理。

四、发展海洋工程技术,提高海洋开发装备水平

——大力发展海岸工程技术、船舶工程技术和水下工程技术,到本世纪末使我国海洋开发装备技术水平达到 90 年代初的国际水平,不断提高装备的国产化率,基本上满足海洋开发和工程建设的需要,并提高承包国际海洋工程的竞争力。

——进一步开发工程、生物海岸防护新技术,研究开发先进的岸、堤、闸、坝等工程设计结构形式,以及地基(特别是淤泥软基)处理和施工的新技术、新方法。

——开发海洋工程建设的新材料,以及防腐蚀、防生物附着的新涂料、新技术。

——积极发展滩涂、极浅海、近海油气勘探开发技术装备,其中重点研制海上中小型油气田开发设备,适用于 100m 水深以上的移动式钻井平台、早期浮式生产系统、两栖勘探和运输装备、极浅海移动式钻井装置。

——控制近海渔船数量,加强近海渔船技术改造,逐步淘汰木船和资源破坏型网具,减少落后的小马力船,适当发展大中型外海渔船,优化船型和动力装置,不断改进渔船通信和助渔导航系统,以及渔捞机械和保鲜设备,向高效、节能和安全的方向发展;发展远洋渔船及其技术装备,重点开发 300～500t 拖网、围网、延绳钓船以及专业渔具、机械和仪表;研制、开发适用于深海大洋生产的

2000t加工拖网船,大型基地加工母船、冷藏船。

——海运船队要向结构合理、经济安全以及大型化、专业化和智能化方向发展。大幅度降低船龄,其中远洋骨干船船龄力争降低到十年以内。积极发展浅吃水船和自卸煤船。小吨位、多用途沿海集装箱船,大型远洋集装箱船和各种专用运输船;重视工程作业船的开发;大力开发船舶节能新技术,尽快改造或更新油耗指标高的船用主机;研究烧煤船的有关技术,适当发展适合我国国情的烧煤运输船船队。

——加强深海大洋调查装备研制。重点开发新一代极地考察船、深海大洋综合调查船、潜水工作母船、海洋调查深潜器(深潜6000米级)等,突破动力定位、大深度潜水作业等关键技术。改进无人有缆潜水器关键技术,开发无人遥控潜水器系列产品,逐步形成高技术产业。

——逐步淘汰重潜水装具,开发并完善配套先进的轻潜水装具;研究和开发水下作业工具及动力源。

——加强水下工程检测仪器的研究开发,发展超声探伤和磁力法、涡流法、渗透法、射线法等检测技术,以及与其配套的水下成像技术。

——改进防险救生技术装备,发展快速救生船舶、飞机和深潜救生艇,开发新型防险救生器材,完善军民兼顾的防险救助系统。

——发展潜水生理医学,改进大深度饱和潜水技术,提高实海作业能力。

五、完善海洋通信和导航定位系统

——充分发挥中频、高频、甚高频以及海事卫星通信系统的作用和效率,大力发展单边带话、窄带印字电报通信方式,逐步淘汰莫尔斯通信方式。重点加强海岸和港口通信设施的建设和技术改造,实现海上通信网与陆地通信网的联网、自动转接,开发船舶通信新技术,逐步配备符合全球海上遇险与安全系统(GMDSS)要求的装备。

——在充分发挥现有近、中程导航定位系统作用的基础上,研究开发近程精密定位测量系统和高精度差分导航定位系统,研制电子航海图系统,实现航海导航自动化。

——尽快建立并逐步完善"长河2号"远程无线电导航定位系统,形成覆盖我国中、远海域的基本导航网,为国内各类用户提供全天候导航定位服务,适时对外开放使用,并积极探索与西太平洋台链联网。

——开发全球卫星定位系统船用接收设备,积极发展我国区域性卫星导航定位系统和通信的技术装备。

——发展先进的海上安全保障技术,完善航标网和基地港的交通管理系统(VTS)。

——逐步建立海洋渔场、渔情及主要渔港鱼市行情的监测及信息传递网络。

六、合理利用海岸和海湾,加速港口和海上高效运输通道建设

——沿海滩涂、浅海的开发利用,要根据自然条件和社会经济发展需要,统筹安排农、林、牧、渔、盐等行业,筛选耐旱、耐盐碱植物,扩大栽培面积,提高生态、资源、经济和社会效益。

——积极研究和应用物理模型、数学模型及复合模型,整治、疏浚河口及海港航道,提高航道尺度,扩大通过能力;重点整治长江、珠江河口航道,为通过35000t常规货轮和第二、三代集装箱船创造条件。整治、疏浚工程要因地制宜,兴利避害。

——继续加强以沿海南北向为骨干的海上大通道和海上运输网络建设,提高海运比重、经济效益及技术水平。发展江海联运、陆岛运轴和滚装轮渡,开发以能源、化工材料等大宗货源运输为主的专业化海上高效运输通道的成套技术,研究开发跨海峡、海湾大桥和隧道建造技术,选择合适地点开展工程可行性分析和方案选择。

——积极发展远洋运输,拓展国际海上通道,优化船队组合,增加航线、航班,提高国际海陆中转能力,强化陆桥功能。

七、大力开发利用海洋生物资源

——海洋渔业的发展实行捕养结合的方针,进行综合开发、调整、治理。重点发展增养殖业、外海渔业、远洋渔业和水产品加工业,调整、控制近海渔业,大力发展与海洋渔业相关的第二、三产业,促进海洋渔业以及沿海渔区经济的发展,实现结构合理、良性循环、全面发展的局面。建设虾、贝、藻、鱼养殖业相配套的科研开发技术体系,积极发展海洋生物高新技术,扩大其产业化规模。

——加速发展海水养殖业。加强染色体、细胞、基因等海洋生物工程高新技术研究。积极选育、引进生长周期短、投入少、产量高和节粮、创汇率高的养殖新品种;改造和建设高标准精养池、多功能育苗室,重点建设海水鱼、虾、蟹、贝类苗种设施;开发病害防治技术并建立防治体系,开辟新饲料源及配合饲料的优化配方和加工工艺;推广鱼虾贝藻混养、套养、间养、轮养等高效生态养殖新技术。

——加速发展海洋渔业工程技术。研究开发建设海洋牧场的人工鱼礁技术、海藻林带、水下电栅、阳光传输系统、渔场底质改造及动态监测监视技术,逐步提高海洋农牧化水平。

——积极探索和发展增殖型渔业。加强增殖渔业的基础研究,探索适合我国海域特点的海洋渔业农牧化道路;重点建设若干资源增殖基地;提高对虾放流技术,扩大放流规模;选育效益好的品种,尽快突破岩礁性和回游范围小的鱼类育苗、暂养和放流技术,改造投放技术,建设低成本、高效益人工增殖生态系统。

——进一步研究和发展海洋捕捞技术。提高渔捞机械、助渔仪器等装备的水平;发展远洋大中型拖网和钓业技术,探索大型围网、磷虾中层拖网、深海底拖网技术;控制近海底拖网和定置作业,适当提高围、流、钓的比例。促进外海渔业和远洋渔业的发展。

——积极改进水产品加工技术和工艺。建设“冷链”系统,重点发展中上层鱼、低值鱼和贝、藻类保鲜、加工及综合利用技术,提高水产品食用量的比例,发展保活、保鲜技术和名、优、新加工产品,开拓国内外市场,扩大出口创汇能力。

——开发海洋药物资源。重点开发防治常见病、多发病的海洋药物;发展抗癌、抗动脉硬化、抗衰老、抗病毒活性自我批评质的提取技术,并开发系列特效药品;研制无残毒高效杀虫剂、动植物生长激素等农用海洋药物添加剂。提高甲壳、鱼鳞、内脏和藻类的综合利用、深加工技术水平,加强新产品的开发。

八、加强海洋油气资源的勘探开发,重视开发海洋能和矿产资源

——发展海洋矿产资源开发新技术,重点是海洋油气资源开发新技术。

——加强中国海域地质研究。重点发展我国海洋石油地质理论,研究我国大陆架和重点海洋盆地的油气分布规律,开辟油气勘探开发新领域。

——研究发展海上地球物理勘探新技术和装备,全面提高钻井技术、测试技术和油藏评价技术水平。

——研究海上油气田开发工程优化技术。研制适应我国近海海域“南台(风)北冰”环境特点的轻型、高效、多功能、可移动、安全可靠、能重复使用的生产技术设施;研究应用水下采油集疏技术,提高海底管线铺设和深水层管架技术水平;探索深海油气田勘探开发技术。

——开展海洋能资源调查和综合评价。提高试验性潮汐发电技术水平;开发万千瓦级潮汐电站建设技术,提高电站综合利用水平;研究波浪能、潮流能发电实用技术;进行温差能、盐差能发电技术先期研究;探索海流能发电技术。

——扩大滨海砂矿的找矿领域。优先安排砂金、金刚石、石英砂、稀有元素等矿种的勘查;采用先进技术择优开发砂矿资源,逐步淘汰土法开采。

——加强深海大洋矿产资源调查。重点进行多金属结核勘探,选定具有商业性开发价值的矿区;研究试验采、选、冶技术;发展深海勘探技术;研究符合我国实际的大洋多金属结核开发战略和发展模式。

九、积极发展海水资源开发利用技术

——积极发展海水直接利用技术,鼓励沿海高耗水企业直接利用海水作冷却水、冲洗用水。

——以膜法为主研究开发多种形式的海水淡化技术,为多元化开发利用海水资源服务。积极研制适应性强、节能、高效、优质的反渗透膜、离子交换膜、超过滤膜、仿生膜;适当发展利用电厂余热的大、中型蒸馏淡化技术和小型蒸馏淡化装置,以及利用太阳能、风能等进行海水淡化的技术。

——加快盐田技术改造。积极开发高产、稳产、高效益的制盐新技术、新工艺;提高制盐卤水和苦卤综合利用技术水平。研究开发镁、澳、钾系列深加工技术和适销新产品;研究天然卤水分布规律和开发利用的新方法、新模式;研究和发展盐田卤水生物工程技术,鼓励发展盐田水产养殖;制盐业要加强与化工、化肥、造纸等行业的联合,促进盐化工业的发展。

——加强盐田生态系统的开发研究。重视卤虫、盐藻良种的改进、选育,积极发展集约化养殖技术和设备,提高盐田生物利用水平和效益。发展多种组合形式的利用海水淡化后的浓缩海水、冷却用海水提取镁、澳、钾和食盐的综合工艺。

参考文献

[1] Banker R. D. ,Gifford J. L. A relative efficiency model for the evaluation of public health nurse productivity[D]. Pittsburgh PA:Camegie Mellon University, 1988.

[2] Berndt E. , Friedlaender A. , Chiang J. Interdependent pricing and markup behavior:an empirical analysis of GM, Ford and Chrysler (Working Paper No. 3396)[R]. Cambridge,M. A. :National Bureau of Economic Research, 1990.

[3] Fagerberg J. Technological Progress, Structural Change and Productivity Growth:A Comparative[J]. Structural Change and Economic Dynamics, 2000, 11(4):393-411.

[4] Grossman G. M. , Helpman E. Innovation and Growth in the Global Economy[M]. Cambridge(USA):The MIT Press, 1991.

[5] Krugman, P. The Myth of Asia's Miracle:A Cautionary Fable[J]. Foreign Affairs, 1994:62-78.

[6] Lucas R E. Making a Miracle[J]. Econometrica, 1993, 61:251-272.

[7] Lucas R E. On the Mechanisms of economic development[J]. Journal of Monetary Economics, 1988(22):3-42.

[8] Peneder M. Industrial Structure and Aggregate Growth[J]. Struc-

tural Change and Economic Dynamics，2003，73:62-78.

［9］Salter W. E. G. Productivity and Technical Change［M］. Cambridge:Cambridge University Press，1960.

［10］Sobel M. E. Asymptotic Confidence Intervals for Indirect Effects in Structural Equation Models［C］. In:Leinhardt S.（Ed.）. Sociological Methodology 1982. Washington，DC:American Sociological Association，1982.

［11］Timmos & Spinelli. 创业学［M］.北京:人民邮电出版社,2005.

［12］Zenger T.，Lazzarini S. Compensating for innovation:do small firms offer high powered incentives that lure talent and motivate effort? ［J］. Managerial and Decision Economics，2004，25(6-7):329-345.

［13］白福臣.中国沿海地区海洋科技竞争力综合评价研究［J］.科技管理研究,2009(6):159—160.

［14］毕晓琳.海洋科技发展在现代海洋经济发展中的作用［J］.海洋信息,2010(3):19—22.

［15］卞正和.走近海洋监测［J］.时代潮,2004(19):28—29.

［16］蔡树群,张文静,王盛安.海洋环境观测技术研究进展［J］.热带海洋学报,2007(3):76—81.

［17］蔡一鸣."海洋"开发的广度和深度空间论［J］.浙江海洋学院学报（人文科学版）,2009(4):12—16.

［18］陈伟,罗来明.技术进步与经济增长的关系研究［J］.社会科学研究,2002(4):44—46.

［19］储永萍,蒙少东.发达国家海洋经济发展战略及对中国的启示［J］.湖南农业科学,2009(8):154—157.

［20］崔旺来,周达军,汪立,等.浙江省海洋科技支撑力分析与评价［J］.中国软科学,2011(2):91—100.

［21］狄乾斌,韩增林.辽宁省海洋经济可持续发展的演进特征及其系统耦合模式［J］.经济地理,2009(5):799—805.

［22］董昭和,王继业,薛清刚,等.澳大利亚海洋生物技术的研究开发和管理［J］.科学视野,2001(4):21—24.

［23］段志民,张洋.产业结构、劳动生产率与经济增长——基于环渤海经济圈的实证分析［J］.东北财经大学学报,2011(2):3—8.

［24］范晓婷.我国海洋立法现状及其完善对策［J］.海洋开发与管理,2009(7):70—74.

［25］房帅,纪建悦,林则夫.环渤海地区海洋经济支柱产业的选择研究［J］.科学学与科学技术管理,2007(6):108—111.

［26］高强.我国海洋经济可持续发展的对策研究［J］.中国海洋大学学报(社会科学版),2004(3):26—28.

［27］谷方为.初中生海洋意识现状与培养对策研究［D］.东北师范大学硕士学位论文,2007.

［28］顾新一.技术创新与劳动生产率［J］.科学学研究,1997(4):40—43.

［29］郭克莎.结构优化与经济发展［M］.广州:广东经济出版社,2001.

［30］韩增林,许旭.中国海洋经济地区差异及演化过程分析［J］.地理研究,2008(3):613—622.

［31］黄瑞芬,曹先珂.基于层次分析法的沿海省市海洋科技竞争力比较与分析［J］.中国水运,2006(12):186—189.

［32］黄艳.我国海洋经济综合管理与协调机制研究［D］.复旦大学硕士学位论文,2010.

［33］纪建悦,孙岚,张志亮,等.环渤海地区海洋经济产业结构分析［J］.山东大学学报(哲学社会科学版),2007(2):96—102.

［34］姜旭朝.中国海洋产业结构变迁浅论［J］.山东社会科学,2009(4):78—81.

［35］蒋平.完善我国海洋法体系的探讨［J］.海洋信息,2006(1):15.

［36］李陈华,张伟.企业规模 VS 效率:对中国保险企业的 DEA 经验研究［J］.系统工程,2005(9):37—41.

［37］李富强,董直庆,王林辉.制度主导、要素贡献和我国增长动力的分类检验［J］.经济研究,2008(4):53—63.

［38］李健,徐海成.技术进步与我国产业结构调整关系的实证研究［J］.软科学,2011(4):8—14.

［39］李京文,郑友敬,齐建国.技术进步与产业结构问题研究［J］.科学学研究,1988(4):41—53.

[40] 李景光,阎季惠.英国海洋事业的新篇章——谈 2009 年《英国海洋法》[J].海洋开发与管理,2010(2):87—91.

[41] 林筱文,赵彬,廖荣天,等.中国海洋经济可持续发展能力综合评价与实证分析[J].发展研究,2011(5):7—12.

[42] 刘大海,李朗,刘洋,等.我国"十五"期间海洋科技进步贡献率的测算与分析[J].海洋开发与管理,2008(6):12—15.

[43] 刘富华,李国平.技术创新、产业结构与劳动生产率[J].科学学研究,2005(8):555—560.

[44] 刘洪滨.韩国 21 世纪的海洋发展战略[J].太平洋学报,2007(3):80—86.

[45] 刘佳英,江静瑜,黄硕琳.大学生海洋意识调查分析[J].湛江海洋大学学报,2005(5):143—146.

[46] 刘明,刘容子.法国海洋经济和海洋劳动就业分析[J].海洋开发与管理,2005(1):61—64.

[47] 刘松汉,苏炳根.海洋资源开发与环境保护存在诸多问题[N].人民政协报,2003-09-10(A02).

[48] 刘伟,蔡志洲.技术进步、结构变动与改善国民经济中间间耗[J].经济研究,2008(4):4—14.

[49] 刘伟,张辉.中国经济增长中的产业结构变迁和技术进步[J].经济研究,2008(11):4—15.

[50] 马涛,任文伟,陈家宽.上海市发展海洋经济的战略思考[J].海洋开发与管理,2007(1):96—100.

[51] 马英杰.论中国海洋环境保护法律体系中的不足与完善对策[J].海洋科学,2007(12):16—18.

[52] 马永钧,杨博.海洋鱼油深加工技术研究进展[J].中国油脂,2011(4):1—6.

[53] 马志荣,徐以国.我国海洋经济可持续发展的影响因素及路径选择[J].生产力研究,2008(6):107—109.

[54] 马志荣.我国实施海洋科技创新战略面临的机遇、问题与对策[J].科技管理研究,2008(6):68—70.

[55] 倪国江,文艳.美国海洋科技发展的推进因素及对我国的启示[J].

海洋开发与管理,2009:29—34.

[56] 潘树红.发展海洋科技政策的基本原则与实施措施[J].海洋开发与管理,2006(3):63—66.

[57] 乔俊果,朱坚真.政府海洋科技投入与海洋经济增长:基于面板数据的实证研究[J].科技管理研究,2012(4):37—40.

[58] 乔俊果.基于中国海洋产业结构优化的海洋科技创新思路[J].改革与战略,2010(10):140—144.

[59] 渠海雷,邓琪.技术创新与产业结构升级[J].科学学与科学技术管理,2000(2):16—18.

[60] 石莉.美国海洋科技发展趋势及对我们的启示[J].海洋开发与管理,2008:9—11.

[61] 宋炳林.美国海洋经济发展的经验及对我国的启示[J].港口经济,2012(1):50—52.

[62] 孙超,谭伟.经济增长的源泉:技术进步和人力资本[J].数量经济技术经济研究,2004(2):60—66.

[63] 孙群力.山东海洋经济发展的思考与建议[J].宏观经济管理,2007(4):59—60.

[64] 王长征,刘毅.论中国海洋经济的可持续发展[J].资源科学,2003(4):73—78.

[65] 王丹,张耀光,陈爽.辽宁省海洋经济产业结构及空间模式演变[J].经济地理,2010(3):443—448.

[66] 王瑾.技术创新促进区域经济增长的机理研究[J].经济纵横,2003(11):26—28.

[67] 王丽英,刘后平.制度内生、政府效率与经济增长的分类检验——基于省级面板数据的估计与分析[J].经济学家,2010(1):20—26.

[68] 王淼.21世纪我国海洋经济发展的战略思考[J].中国软科学,2003(11):27—32.

[69] 王小鲁,樊纲,刘鹏.中国经济增长方式转换和增长可持续性[J].经济研究,2009(1):4—16.

[70] 王泽宇,刘凤朝.我国海洋科技创新能力与海洋经济发展的协调性分析[J].科学学与科学技术管理,2011(5):42—47.

[71] 王振兴.技术进步与劳动生产率增长关系研究——基于山东省数据[J].山东财政学院学报,2011(3):83—87.

[72] 卫梦星,殷克东.海洋科技综合实力评价指标体系研究[J].海洋开发与管理,2009(8):101—105.

[73] 魏下海,王岳龙.城市化、创新与全要素生产率增长——基于省际面板数据的经验研究[J].财经科学,2010(3):69—76.

[74] 温忠麟.中介效应检验程序及其应用[J].心理学报,2004(5):614—620.

[75] 翁震平,谢俊元.重视海洋开发战略研究 强化海洋装备创新发展[J].海洋开发与管理,2012(1):1—7.

[76] 邬民乐.改革以来中国劳动生产率的增长因素:基于产业结构的分析[J].西北人口,2009(2):37—41.

[77] 吴明理.海洋经济可持续发展及金融支持问题研究[J].金融发展研究,2009(7):35—38.

[78] 吴明忠,晏维龙,黄萍.江苏海洋经济对区域经济发展影响的实证分析:1996—2005[J].江苏社会科学,2009(4):222—227.

[79] 吴闻.韩国、日本的海洋科技计划[J].海洋信息,2002(1):25—26.

[80] 伍业锋,施平.中国沿海地区海洋科技竞争力分析与排名[J].上海经济研究,2006(2):26—33.

[81] 谢文峰.促进科技成果转化措施研究——高校科技成果转化工作现状[J].中国科技成果,2006(5):14—15.

[82] 谢子远.海洋科研机构规模与效率的关系研究[J].科学管理研究,2011(6):40—43.

[83] 谢子远,孙华平.基于产学研结合的海洋科技发展模式与机制创新[J].科技管理研究,录用.

[84] 谢子远.我国海洋产业结构的动态演化[J].改革与战略,2012(4):152—155.

[85] 谢子远.浙、鲁、粤海洋经济发展比较研究[J].当代经济管理,2012(8):64—71.

[86] 谢子远,鞠芳辉.技术创新对海洋产业结构的影响研究[J].浙江万里学院学报,2012(5):1—6.

[87] 谢子远,鞠芳辉,孙华平.我国海洋科技创新效率影响因素研究[J]. 科学管理研究,2012(6):13—16.

[88] 谢子远,王琳媛,徐祺娟.沿海省市海洋经济发展的科技支撑力比较研究[J].浙江万里学院学报,2013(1):1—8.

[89] 谢子远,闫国庆.澳大利亚发展海洋经济的经验及我国的战略选择[J].中国软科学,2011(9):18—29.

[90] 熊彼特.经济发展理论[M].北京:商务印书馆,1990.

[91] 徐嘉蕾,李悦铮.日本海洋经济经营管理模式、特点及启示[J].海洋开发与管理,2010(9):67—69.

[92] 徐进.国家三大海洋经济示范区海洋科技创新能力比较研究[J].科技进步与对策,2012(16):35—39.

[93] 许森安.海洋意识教育岂能可有可无[J].海洋世界,2001(10):9—10.

[94] 杨书臣.日本海洋经济的新发展及其启示[J].港口经济,2006(4):59—60.

[95] 叶波,李洁琼.海南省海洋产业结构优化战略研究[J].华中师范大学学报(自然科学版),2011(1):125—128.

[96] 殷克东,王伟,冯晓波.海洋科技与海洋经济的协调发展关系研究[J].海洋开发与管理,2009(2):107—112.

[97] 殷克东,卫梦星.中国海洋科技发展水平动态变迁测度研究[J].中国软科学,2009(8):144—154.

[98] 殷克东,张燕.沿海省市海洋科技水平评价[J].海洋开发与管理,2009(3):57—62.

[99] 于海楠,于谨凯,刘曙光.基于"三轴图"法的中国海洋产业结构演进分析[J].云南财经大学学报,2009(4):71—76.

[100] 于云龙.从技术创新角度看产业结构升级模式[J].哈尔滨工业大学学报,2001(1):78—81.

[101] 翟仁祥.中国海洋经济可持续发展能力省际空间差异研究——基于组合综合评价方法[J].数学的实践与认识,2010(12):14—25.

[102] 展进涛,陈超,廖西元.公共投资、技术创新与水稻生产率增长——基于动态理论的实证分析[J].科研管理,2011(1):45—51.

[103] 张德贤.海洋经济可持续发展理论研究[M].青岛:中国海洋大学出版社,2000.

[104] 张国富.论技术进步与经济增长[J].北京大学学报,1997(3):72—78.

[105] 张红智,张静.论我国的海洋产业结构及其优化[J].海洋科学进展,2005(2):243—247.

[106] 张晖明,丁娟.论技术进步、技术跨越对产业结构调整的影响[J].复旦学报(社会科学版),2004(3):81—86.

[107] 张静,韩立民.试论海洋产业结构的演进规律[J].中国海洋大学学报(社会科学版),2006(6):1—3.

[108] 张文杰,郑锦荣.海洋产业对上海经济拉动效应的实证研究[J].浙江农业学报,2011(3):634—638.

[109] 张耀光,崔立军.辽宁区域海洋经济布局机理与可持续发展研究[J].地理研究,2001(3):338—346.

[110] 张耀光,魏东岚,王国力,等.中国海洋经济省际空间差异与海洋经济强省建设[J].地理研究,2005(1):46—56.

[111] 张宇,刘莎.增强全民海洋意识:海洋强国必由之路[J].中共济南市委党校学报,2010(4):90—92.

[112] 钟华,赵昕.科技投入与海洋经济增长的灰色关联度分析[J],海洋开发与管理,2008(2):21—23.

[113] 周达军,崔旺来,汪立,等.浙江省海洋科技投入产出分析[J].经济地理,2010(9):1511—1516.

[114] 周洪军,何广顺,王晓惠,等.我国海洋产业结构分析及产业优化对策[J].海洋通报,2005(2):46—51.

[115] 周建业.海洋意识教育要从娃娃抓起[J].今日浙江,1998(8):26.

[116] 周丽.技术进步与产业结构优化透视[J].社会科学研究,2003(2):48—50.

[117] 周叔莲,王伟光.科技创新与产业结构优化升级[J].管理世界,2001(5):70—80.

[118] 周忠海.论海洋科技发展与国家安全[J].法学杂志,2010(10):1—5.

[119] 朱蔚彤.国家自然科学基金委员会资助学科交叉研究模式分析[J].中国科学基金,2006(3):184—189.

[120] 朱艳鑫,王铮,薛俊波.技术进步下我国分行业劳动生产率的演进研究[J].科研管理,2008(4):111—118.

[121] 朱勇生,张世英.河北省海洋经济产业结构分析[J].河北工业大学学报,2004(5):15—18.

索　引

图书在版编目(CIP)数据

中国海洋科技与海洋经济的协同发展:理论与实证 /
谢子远著. —杭州:浙江大学出版社,2014.3
ISBN 978-7-308-12910-7

Ⅰ.①中… Ⅱ.①谢… Ⅲ.①海洋学－关系－海洋经
济－经济发展－研究－中国 Ⅳ.①P7

中国版本图书馆 CIP 数据核字(2014)第 030105 号

中国海洋科技与海洋经济的协同发展:理论与实证

谢子远 著

责任编辑	吴伟伟 *weiweiwu@zju.edu.cn*
文字编辑	刘姗姗
封面设计	春天书装
出版发行	浙江大学出版社
	(杭州市天目山路 148 号 邮政编码 310007)
	(网址:http://www.zjupress.com)
排　版	浙江时代出版服务有限公司
印　刷	杭州日报报业集团盛元印务有限公司
开　本	710mm×1000mm　1/16
印　张	13.75
字　数	207 千
版印次	2014 年 3 月第 1 版　2014 年 3 月第 1 次印刷
书　号	ISBN 978-7-308-12910-7
定　价	40.00 元